普通高等教育"十三五"规划教材

高等院校计算机系列教材

离散数学及其应用

主 编 吴 奕 李 琼 胡福林

华中科技大学出版社

中国·武汉

内 容 简 介

全书系统地介绍了离散数学的四个部分,共由 8 章组成,其中第 1～3 章为集合论;第 4～5 章为数理逻辑;第 6～7 章为图论及特殊图;第 8 章为代数系统.各章分别介绍了离散数学的核心知识单元:集合、关系、函数、命题逻辑、谓词逻辑、图、特殊图,代数系统中的群、环、域、格等.还介绍了每章离散数学的知识单元在计算机与软件系统中的应用,以及介绍了相关历史背景的发展,在各章之后配有习题,便于学生在学完本章内容之后进行课后练习.本书可作为应用型高等院校计算机、软件工程、信息与计算、物联网、网络工程、数据科学与大数据技术等计算机类与信息类学科专业离散数学教材,供不同层次的本、专科学生使用,也可以作为离散数学爱好者的自学参考书.

图书在版编目(CIP)数据

离散数学及其应用/吴奕,李琼,胡福林主编 . —武汉:华中科技大学出版社,2017.8(2024.6重印)
ISBN 978-7-5680-2691-8

Ⅰ.①离…　Ⅱ.①吴…　②李…　③胡…　Ⅲ.①离散数学-高等学校-教材　Ⅳ.①O158

中国版本图书馆 CIP 数据核字(2017)第 068098 号

离散数学及其应用
Lisan Shuxue ji Qi Yingyong

吴　奕　李　琼　胡福林　主编

策划编辑:范　莹
责任编辑:汪　粲
封面设计:原色设计
责任校对:李　琴
责任监印:周治超
出版发行:华中科技大学出版社(中国·武汉)　　　电话:(027)81321913
　　　　　武汉市东湖新技术开发区华工科技园　　　邮编:430223
录　　排:武汉市洪山区佳年华文印部
印　　刷:武汉市洪林印务有限公司
开　　本:710mm×1000mm　1/16
印　　张:11.5
字　　数:241 千字
版　　次:2024 年 6 月第 1 版第 8 次印刷
定　　价:28.80 元

前　言

　　离散数学是现代数学的一个重要分支,是计算机科学与技术的理论基础,是计算机科学与技术等相关专业的核心和骨干课程.它以研究离散量的结构和相互间的关系为主要目标,充分体现了计算机科学离散性的特点.

　　离散数学是随着计算机科学的发展而逐步建立的,它形成于 20 世纪 70 年代初期,是一门新兴的工具性学科.近年来,计算机及软件技术正在以惊人的速度发展,对人类社会的各个领域产生着广泛和深远的影响.计算机科学之所以能取得辉煌的成就,与其具有雄厚的理论基础——离散数学是分不开的.通过学习该课程,一方面能为后续课程,如数据结构、操作系统、编译理论、数据库系统、人工智能、计算机网络等课程提供必要的数学基础;另一方面,可以培养和提高学生的抽象思维能力与逻辑推理能力,对提高独立分析和解决问题的能力,以及提高解决实际问题的数学建模能力非常重要.

　　随着计算机科学技术的快速发展,近年来各学科融合发展的趋势不断加强.除了计算机专业的学生,其他专业如软件工程、物联网、信息管理等专业,也需要大量用到离散数学的知识来解决本专业中产生的问题,“离散数学”也成了这些专业中的一门专业基础课.本教材针对离散数学在各个专业的应用与发展趋势,借鉴了国内外众多教材的特点,并结合了作者多年的教学实践经验和科研成果编写而成.本书简明扼要、通俗易懂地讲述了离散数学中集合论、数理逻辑、图论以及代数系统的主要内容,并特别突出了离散数学各主要部分的内容在计算机及其他相关学科中的实际应用.

　　本书的特点如下.

　　(1)结构安排合理,知识脉络清晰,内容深入浅出.

　　(2)理论联系实际,有较丰富的案例和习题.

　　(3)着重于概念的具体应用,弱化定理本身的证明,突出定理的运用,并且每章都给出了具体应用.

　　(4)每部分内容都介绍了相关历史背景,使读者了解相关知识的来龙去脉,从而提高了读者对离散数学的学习兴趣.

　　全书共有四大部分,分为 8 章.第一部分是集合论,共 3 章,第 1 章介绍集合,第 2 章介绍关系,第 3 章介绍函数;第二部分是数理逻辑,分为 2 章,分别介绍命题逻辑、谓词逻辑;第三部分是图论及特殊图,包含第 6 章和第 7 章,主要介绍图论的初步知识、特殊图;第四部分是代数系统,主要介绍代数系统基础,以及几个典型的代数系统.在各章之后都配有习题,便于学生在学完本章内容之后进行课后练习.

　　本书的第 1 章和第 3 章的编写由李琼完成.本书其他章节的编写主要由吴奕完

成,胡福林、姚炜参加了第 2 章、第 6 章及第 7 章的编写工作,孙红也参加了其中部分章节的编写工作.全书的统稿工作由吴奕完成.为了更好地为使用本教材的读者服务,我们还提供了与本教材配套的教学电子课件.在编写本书的过程中,我们参阅了大量的与离散数学相关的书籍和资料,在此向有关作者表示衷心的感谢.同时也感谢华中科技大学出版社的大力支持,使得本书能够顺利出版.

本书可作为应用型高等院校计算机、软件工程、信息与计算、物联网、网络工程、数据科学与大数据技术等计算机类与信息类学科离散数学课程的教材和参考书,供不同层次的本、专科学生使用.

本书的主要内容虽然在教学中多次讲授,但由于编者水平有限,书中难免有不妥或不足之处,恳请广大读者批评指正.

编　者

目　　录

第1章 集　　合

集合是离散数学中一个非常重要的基本概念,是现代数学、自然科学,及社会科学等领域普遍采用的数学描述工具.计算机科学技术与应用的研究也和集合有着密切的关系,集合在程序语言、数据结构、编译原理、数据库与知识库、人工智能等领域都有着广泛的应用和发展.

本章主要介绍集合的基本概念及其相关性质,集合的各种运算与集合之间的等值式,以及集合在信息科学中的实际应用.

1.1　集合的基本概念

1.1.1　集合的定义

什么是集合?集合的概念就在我们周围存在.人们在研究客观世界的各种事物时,常常把具有某种特性的事物汇聚在一起,把它看作是一个整体,并把这样的整体称为集合,如"全体中国人".

定义 1.1-1　凡是在人们的感知或思维中可以明确区分的对象物,把它看成是一个整体,这个整体就称作**集合**(set).集合中的对象物称为该集合的**元素**或**成员**(element).

例 1.1-1　集合的实例.

(1) 全体亚洲人;

(2) 英文字母;

(3) C 语言中所有的标准符;

(4) 全体奇数;

(5) 平面上所有点的集合;

(6) 罗贯中《三国演义》中所有的汉字;

(7) 方程 $x^2-1=0$ 的所有实根.

通常,我们用大写字母 $A,B,C,\cdots$ 或带有下标的字母 $A_1,B_1,C_1,\cdots$ 来表示集合,用小写字母 $a,b,c,\cdots$ 表示集合中的元素.

特殊集合采用特殊的记号,例如:

自然数集合:$\mathbf{N}$(注意,在离散数学中,认为 0 是自然数).

整数集合:$\mathbf{Z}$(或 $\mathbf{I}$ 表示).

有理数集合：$\mathbf{Q}$.

实数集合：$\mathbf{R}$.

复数集合：$\mathbf{C}$.

素数集合：$\mathbf{P}$.

在离散数学中,对于集合有许多种表示方法,常见的有显示法、隐示法和文氏图法等三种.

1. 显示法

显示法又称枚举法,即把集合中的所有元素一一列举(枚举)出来,元素之间用逗号分开,并把它们用花括号{}括起来.例如：

$$集合\ A=\{0,1,2,3,4,5,6,7,8,9\}.$$

$$集合\ B=\{a,b,c,d,e,f,g\}.$$

$$集合\ C=\{Fortran,C,Java\}.$$

注意：集合中的元素彼此是**相异的、无序的**.例如：

$$集合\{1,2,2,3,4,5,5,6\}=\{1,2,3,4,5,6\}.$$

$$集合\{a,b,c\}=\{c,b,a\}.$$

2. 隐示法

隐示法又称描述法,即通过描述集合中所有元素具备的某种特性来表示集合的方法.如果用$P(x)$表示集合A中所有元素的特性,那么集合A可以表示为：$A=\{x\mid P(x)\}$.例如：

$$集合\ M=\{x\mid x\ 是一个自然数\}.$$

$$集合\ N=\{x\mid x\ 是实数,并且\ x^2-1=0\}.$$

$$集合\ P=\{x\mid x\in\mathbf{R},并且\ x^2\leqslant 25\}.$$

$$集合\ Q=\{x\mid x\in\mathbf{Z},\mid x\mid\leqslant 5\}.$$

从计算机的角度看,显示法是一种静态的表示法,这种表示法要求同时将所有的数据都输入到计算机中去,这样势必会占据大量的计算机内存,从而导致计算机的处理速度降低.而隐示法则是一种动态的表示法,计算机在处理数据时,不需要占据大量的内存,是显示法的一种改进.

3. 文氏图法

文氏图法一种是利用二维平面上的点集表示集合的方法,一般用平面上的矩形或圆形表示一个集合,是集合的一种直观的图形表示法,如图1.1-1所示.

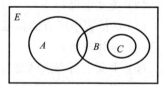

图 1.1-1 文氏图

1.1.2 集合与元素的关系

元素和集合之间的关系是一种**隶属关系**(从属关系),即属于或不属于,属于记作

$\in$,不属于记作$\notin$.

如果元素 a 是集合 A 中的元素,就说元素 a 属于集合 A,记作 $a\in A$.

如果元素 a 不是集合 A 中的元素,就说元素 a 不属于集合 A,记作 $a\notin A$.

例如:3∈自然数集,−3∉自然数集.

又如,集合 $A=\{1,\{2,3\},4,5\}$,这里 $1\in A$,$\{2,3\}\in A$,$4\in A$,$5\in A$,但是 $2\notin A$,$3\notin A$.

1.1.3　集合与集合的关系

集合与集合之间的关系是一种**包含关系**.

定义 1.1-2　设集合 A 与 B,如果 A 的每一个元素都是 B 的元素,那么称集合 A 是集合 B 的**子集**(subset),记作 $A\subseteq B$ 或 $B\supseteq A$,读作 A 包含于 B 或 B 包含 A,并把⊆或⊇称为包含关系.

如果集合 A 不是集合 B 的子集,则记作 $A\nsubseteq B$. 例如,$N\subseteq Z\subseteq Q\subseteq R\subseteq C$,但 $Q\nsubseteq Z$.

例 1.1-2　已知 $A=\{1,2,3,4\}$,$B=\{1,2,4\}$,$C=\{2,4\}$,判断 A,B,C 之间的包含关系.

解　由于 B,C 中的每个元素都是 A 中的元素,C 中的每个元素都是 B 中的元素,因此 A,B,C 之间的包含关系是:$B\subseteq A$,$C\subseteq A$,$C\subseteq B$,$B\nsubseteq C$,$A\nsubseteq B$,$A\nsubseteq C$.

注意,任何集合都是自己的子集,即 $A\subseteq A$.

定义 1.1-3　设集合 A 与 B,如果 $A\subseteq B$ 且 $B\subseteq A$,则称集合 A 与集合 B **相等**,记作 $A=B$.

如果集合 A 与集合 B 不相等,则记作 $A\neq B$.

例 1.1-3　设集合 $A=\{Fortran, Pascal, Java\}$,集合 $B=\{Java, Pascal, Fortran\}$,试判断集合 A 与 B 的关系.

解　集合 A 与 B 含有相同的元素,仅顺序不同,根据集合元素的无序性,可得 $A=B$.

定义 1.1-4　设集合 A 与 B,如果 $A\subseteq B$ 且 $A\neq B$,则称集合 A 是集合 B 的**真子集**(proper subset),记作 $A\subset B$ 或 $B\supset A$,读作 A 真包含于 B 或 B 真包含 A,并把⊂或⊃称为真包含关系.

如果集合 A 不是集合 B 的真子集,则记作 $A\not\subset B$.

例 1.1-4　$\{1,2\}\subset\{1,2,3\}$,$\{a,b\}\subset\{a,b,c,d\}$,$\{0,1\}\not\subset\{0,1\}$.

1.1.4　几种特殊集合

定义 1.1-5　不含有任何元素的集合称为**空集**(empty set),记作 $\varnothing$.

例 1.1-5 设 $A=\{x\mid x\in\mathbf{R},x^2<0\}$，请列出集合 A 中的所有元素.

解 由于任何实数的平方都是大于或等于 0 的，故该集合 A 没有任何元素，是一个空集，即 $A=\varnothing$.

定理 1.1-1 空集是任何集合的子集（真子集）.

例如，对于任何集合 A，有 $\varnothing\subseteq A$，$\varnothing\subseteq\varnothing$，$\varnothing\subset A$.

定义 1.1-6 在研究集合之间的关系时，常常是研究某些同类的集合，即研究某个特定集合的全部子集，则称该特定集合为**全集**（universal set），记作 U（或 E）.

例如，在我国的人口普查中，全集是由我国所有人组成的. 又如，在研究实数时，可以把 $\mathbf{R}$ 作为全集.

在文氏图中，通常用矩形表示全集，用圆形表示其他集合，如图 1.1-1 所示.

定义 1.1-7 设 A 是集合，以集合 A 的所有子集为元素的集合，称为集合 A 的**幂集**（power set），记作 $P(A)$ 或 2^A.

定义 1.1-8 如果一个集合 A 含有 n 个元素，则称 A 为 n **元集**；A 的含有 m 个（$m\leqslant n$）元素的子集，称为 A 的 m **元子集**.

推论 对于 n 元集 A，它的 0 元子集有 C_n^0 个，1 元子集有 C_n^1 个，2 元子集有 C_n^2 个，$\cdots$，m 元子集有 C_n^m 个，$\cdots$，n 元子集有 C_n^n 个，其子集总数是

$$C_n^0+C_n^1+C_n^2+\cdots+C_n^m+\cdots+C_n^n=2^n.$$

例 1.1-6 已知集合 $A=\{1,2,3\}$，试求集合 A 的幂集 $P(A)$.

解 集合 A 的子集有：

0 元子集：$\varnothing$.

1 元子集：$\{1\}$，$\{2\}$，$\{3\}$.

2 元子集：$\{1,2\}$，$\{1,3\}$，$\{2,3\}$.

3 元子集：$\{1,2,3\}$.

共 $2^3=8$ 个子集.

集合 A 的幂集由 A 的所有子集构成，故 $P(A)=\{\varnothing,\{1\},\{2\},\{3\},\{1,2\},\{1,3\},\{2,3\},\{1,2,3\}\}$.

1.1.5 集合的基数

定义 1.1-9 集合 A 中元素的个数，称为集合 A 的**基数**（base number），记作 $|A|$.

例 1.1-7 试求下列集合的基数：

(1) $A=\{1,2,3,\{4,5\},6\}$；

(2) $B=\{\varnothing,\{\varnothing\}\}$；

(3) $C=\{\varnothing\}$；

(4) $D=\varnothing$.

解 (1) 集合 A 中有 5 个元素 $1,2,3,\{4,5\},6$，故 $|A|=5$.

(2) 集合 B 中有 2 个元素 $\varnothing$,$\{\varnothing\}$,故 $|B|=2$.

(3) 集合 C 中有 1 个元素 $\varnothing$,故 $|C|=1$.

(4) 集合 D 是空集 $\varnothing$,空集不含任何元素,故 $|D|=0$.

1.2 集合的运算

集合有各种运算,通过各种运算展示出集合之间的各种联系.集合的基本运算有:并运算、交运算、补运算、差运算与对称差运算.

1.2.1 并运算

定义 1.2-1 设 A,B 是两个集合,则 $A\cup B$ 仍然是一个集合,且 $A\cup B=\{x\mid x\in A$ 或 $x\in B\}$,称 $A\cup B$ 为 A 与 B 的**并集**(union),称运算 $\cup$ 为**并运算**.

$A\cup B$ 的文氏图如图 1.2-1 所示,图中阴影部分即为 $A\cup B$.

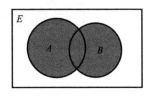

图 1.2-1 $A\cup B$ 的文氏图

例如,$\{1,2,3,4,5\}\cup\{2,3,5,6,7\}=\{1,2,3,4,5,6,7\}$.

$\{a,b,c\}\cup\{b,c,d\}=\{a,b,c,d\}$.

两个集合的并运算可以推广为 n 个集合的并运算,即**广义并运算**.符号化表示为:$\cup A=A_1\cup A_2\cup\cdots\cup A_n=\{x\mid x\in A_1$ 或 $x\in A_2$ 或…或 $x\in A_n\}$.

1.2.2 交运算

定义 1.2-2 设 A,B 是两个集合,则 $A\cap B$ 仍然是一个集合,且 $A\cap B=\{x\mid x\in A$ 且 $x\in B\}$,称 $A\cap B$ 为 A 与 B 的**交集**(intersection),称运算 $\cap$ 为**交运算**.

$A\cap B$ 的文氏图如图 1.2-2 所示,图中阴影部分即为 $A\cap B$.

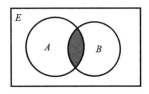

图 1.2-2 $A\cap B$ 的文氏图

例如, $\{1,3,2\}\cap\{2,4,d\}=\{2\}$.

$\{a,b,d\}\cap\{c,d\}=\{d\}$.

两个集合的交运算可以推广为 n 个集合的交运算,即**广义交运算**,符号化表示为:$\cap A=A_1\cap A_2\cap\cdots\cap A_n=\{x\mid x\in A_1$ 且 $x\in A_2$ 且…且 $x\in A_n\}$.

1.2.3 补运算

定义 1.2-3 设 A,E 是两个集合,且 E 为全集,A 为 E 的一个子集,则称 $\overline{A}=E$

$-A$ 为集合 A 的**补集**(complement),称运算 $^-$ 为**补运算**.

$\overline{A}=E-A$ 的文氏图如图 1.2-3 所示,图中阴影部分即为 $\overline{A}$.

例如,设 $E=\{1,2,3,4,5\}$,$A=\{1,2,3,4\}$,则 $\overline{A}=\{5\}$.

设 $E=\{a,b,c,d,e,f,g\}$,$A=\{a,b,d\}$,则 $\overline{A}=\{c,e,f,g\}$.

1.2.4 差运算

定义 1.2-4 设 A,B 是两个集合,则 $A-B$ 仍然是一个集合,且 $A-B=\{x\mid x\in A$ 且 $x\notin B\}$,称 $A-B$ 为 A 与 B 的**差集**(substraction),称运算 $^-$ 为**差运算**.

$A-B$ 的文氏图如图 1.2-4 所示,图中阴影部分即为 $A-B$.

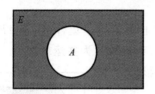
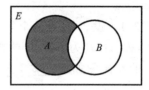

图 1.2-3 $\overline{A}$ 的文氏图 　　　　　 图 1.2-4 $A-B$ 的文氏图

例如, $\qquad$ $\{1,2,3\}-\{1,2,4\}=\{3\}$.

$\{a,b,c\}-\{d,e,f\}=\{a,b,c\}$.

1.2.5 对称差运算

定义 1.2-5 设 A,B 是两个集合,则 $A\oplus B$ 仍然是一个集合,且 $A\oplus B=\{x\mid (x\in A$ 且 $x\notin B)$ 或 $(x\in B$ 且 $x\notin A)\}=(A-B)\bigcup(B-A)$,称 $A\oplus B$ 为 A 与 B 的**对称差集**(symmetric difference of sets),称运算 $\oplus$ 为**对称差运算**.

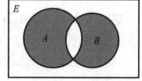

$A\oplus B$ 的文氏图如图 1.2-5 所示,图中阴影部分即为 $A\oplus B$.

图 1.2-5 $A\oplus B$ 的文氏图

例如, $\qquad$ $\{1,2,3\}\oplus\{2,4\}=\{1,3,4\}$.

$\{a,b,c\}\oplus\{d,c,f\}=\{a,b,d,f\}$.

1.2.6 集合间的等值式

集合上的各类基本运算,拥有许多重要性质,这些性质极为常用,并以等值式的形式存在,下面给出常用的集合间的等值定律.

(1) 幂等律: $A\bigcup A=A$;

$A\bigcap A=A$.

(2) 交换律： $A\cup B=B\cup A$；

$\qquad\qquad A\cap B=B\cap A.$

(3) 结合律： $A\cup(B\cup C)=(A\cup B)\cup C$；

$\qquad\qquad A\cap(B\cap C)=(A\cap B)\cap C.$

(4) 吸收律： $(A\cup B)\cap A=A$；

$\qquad\qquad (A\cap B)\cup A=A.$

(5) 恒等律： $A\cup\varnothing=A$；

$\qquad\qquad A\cap E=A.$

(6) 零律： $A\cap\varnothing=\varnothing$；

$\qquad\qquad A\cup E=E.$

(7) 分配律： $A\cap(B\cup C)=(A\cap B)\cup(A\cap C)$；

$\qquad\qquad A\cup(B\cap C)=(A\cup B)\cap(A\cup C).$

(8) $A-A=\varnothing.$

(9) $A-(B\cup C)=(A-B)\cap(A-C)$；

$\qquad A-(B\cap C)=(A-B)\cup(A-C).$

(10) $A-B=A-(A\cap B).$

(11) $A-(A-B)=A\cap B.$

(12) $(A-B)-C=A-(B\cup C)$；

$\qquad (A-B)-C=(A-C)-(B-C).$

(13) $A-(B-C)=(A-B)\cup(A\cap C).$

(14) $A\cap(B-C)=(A\cap B)-(A\cap C)$；

$\qquad A\cap(B-C)=(A-B)-C.$

(15) $A\cup(B-A)=A\cup B.$

(16) $A-B=A\cap\bar{B}.$

(17) $A\cup B=B\Leftrightarrow A\subseteq B\Leftrightarrow A\cap B=A\Leftrightarrow A-B=\varnothing.$

(18) 否定律： $\bar{\bar{A}}=A.$

(19) 德·摩根律： $\overline{A\cup B}=\bar{A}\cap\bar{B}$； $\overline{A\cap B}=\bar{A}\cup\bar{B}.$

(20) 矛盾律： $A\cap\bar{A}=\varnothing.$

(21) 排中律： $A\cup\bar{A}=E.$

(22) $A\oplus B=(A\cup B)-(A\cap B)=B\oplus A.$

(23) $(A\oplus B)\oplus C=A\oplus(B\oplus C).$

(24) $A\oplus\varnothing=A.$

(25) $A\oplus A=\varnothing.$

例 1.2-1 试证明德·摩根律： $\overline{A\cup B}=\bar{A}\cap\bar{B}.$

证明 需要证明 $\overline{A\cup B}\subseteq\bar{A}\cap\bar{B}$，且 $\bar{A}\cap\bar{B}\subseteq\overline{A\cup B}.$

对于任意 $x \in \overline{A \cup B}$,有 $x \notin A \cup B$,即 $x \notin A$ 且 $x \notin B$,
因此,$x \in \overline{A}$ 且 $x \in \overline{B}$,有

$$x \in \overline{A} \cap \overline{B}, \quad \overline{A \cup B} \subseteq \overline{A} \cap \overline{B}.$$

对于任意 $x \in \overline{A} \cap \overline{B}$,有 $x \in \overline{A}$ 且 $x \in \overline{B}$,即 $x \notin A$ 且 $x \notin B$,
因此,$x \notin A \cup B$,即

$$x \in \overline{A \cup B}, \quad \overline{A} \cap \overline{B} \subseteq \overline{A \cup B}.$$

综上,根据集合相等的定义,有 $\overline{A \cup B} = \overline{A} \cap \overline{B}$.

例 1.2-2　化简 $((A \cup B \cup C) \cap (A \cup B)) - ((A \cup (B - C)) \cap A)$.

解　由于 $A \cup B \subseteq A \cup B \cup C$,$A \subseteq A \cup (B - C)$,根据定律(17)可得:

$$((A \cup B \cup C) \cap (A \cup B)) - ((A \cup (B - C)) \cap A) = (A \cup B) - A = B - A.$$

例 1.2-3　已知 $A \oplus B = A \oplus C$,证明:$B = C$.

证明　已知 $A \oplus B = A \oplus C$,所以有

$$A \oplus (A \oplus B) = A \oplus (A \oplus C)$$
$$\Rightarrow (A \oplus A) \oplus B = (A \oplus A) \oplus C \quad (定律(23))$$
$$\Rightarrow \varnothing \oplus B = \varnothing \oplus C \quad (定律(25))$$
$$\Rightarrow B \oplus \varnothing = C \oplus \varnothing \quad (定律(22))$$
$$\Rightarrow B = C \quad (定律(24)).$$

1.3　有限集合中元素的计数

前面我们已经叙述过,集合中不同元素的个数叫做这个集合的基数.下面通过例子来说明有限集的计数问题,介绍两种最常用的方法——文氏图法和容斥原理法.

1.3.1　文氏图法计数

例 1.3-1　有 100 名程序员,其中 47 名熟悉 VC++ 语言,35 名熟悉 Java 语言,23 名同时熟悉这两种语言,问有多少人对这两种语言都不熟悉?

解　设 A,B 分别表示熟悉 VC++ 和 Java 语言的程序员的集合,用如图 1.3-1 所示的文氏图表示,将熟悉两种语言的对应人数 23 填到 $A \cap B$ 的区域内,不难得到 $A - B$ 和 $B - A$ 的人数分别为

$$|A - B| = |A| - |A \cap B| = 47 - 23 = 24,$$
$$|B - A| = |B| - |A \cap B| = 35 - 23 = 12,$$

从而得到

$$|A \cup B| = 24 + 23 + 12 = 59,$$
$$|\overline{A \cup B}| = |U| - |A \cup B| = 100 - 59 = 41.$$

所以,两种语言都不熟悉的有 41 人.

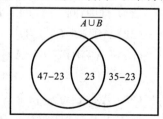

图 1.3-1

1.3.2 容斥原理法计数

下面我们先介绍容斥原理.

设 U 为全集, $A_1, A_2, \cdots, A_n$ 为 U 的有限子集,则有如下 3 个公式.

(1) 两个集合的容斥原理公式为

$$|A_1 \bigcup A_2| = |A_1| + |A_2| - |A_1 \bigcap A_2|.$$

(2) 三个集合的容斥原理公式为

$$|A_1 \bigcup A_2 \bigcup A_3| = |A_1| + |A_2| + |A_3| - |A_1 \bigcap A_2| - |A_1 \bigcap A_3|$$
$$- |A_2 \bigcap A_3| + |A_1 \bigcap A_2 \bigcap A_3|.$$

(3) m 个集合的容斥原理公式为

$$|A_1 \bigcup A_2 \bigcup \cdots \bigcup A_m| = \sum_{i=1}^{m} |A_i| - \sum_{1 \leqslant i < j \leqslant m} |A_i \bigcap A_j| + \sum_{1 \leqslant i < j < k \leqslant m} |A_i \bigcap A_j \bigcap A_k|$$
$$+ \cdots + (-1)^{m-1}(|A_1 \bigcap A_2 \bigcap \cdots \bigcap A_m|).$$

例 1.3-2 一个班有 50 名学生,在第一次考试中得 85 分的有 26 人,在第二次考试中有 21 人得 85 分,如果两次考试中都没有得 85 分的有 17 人,那么在两次考试中都得 85 分的有多少人?

解法一 设 A、B 分别表示在第一次和第二次考试中得 85 分的学生的集合,根据题意,则有

$$|S| = 50, |A| = 26, \quad |B| = 21, \quad |\overline{A \bigcup B}| = 17.$$

由容斥原理有

$$|\overline{A \bigcup B}| = |S| - (|A| + |B|) + |A \bigcap B|,$$

即

$$|A \bigcap B| = |\overline{A \bigcup B}| - |S| + |A| + |B| = 17 - 50 + 26 + 21 = 14.$$

所以有 14 人在两次考试中都得到 85 分.

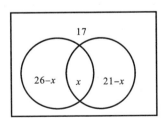

图 1.3-2

解法二 画出文氏图如图 1.3-2 所示,因为首先要填入 $A \bigcap B$ 中的人数正是题目所要求的,所以设它为 x,然后填入其他区域中的数字,并列出方程:$(26-x) + x + (21-x) + 17 = 50.$

解此方程得 $x = 14$.

1.4　集合在信息学科中的应用

集合是离散数学中极其重要的一个概念,是现代数学、自然科学,以及社会科学等领域实际应用的基础.集合在信息科学中的应用十分普遍,如集合在程序语言、数据结构、编译原理、数据库与知识库、人工智能等领域都有着广泛的应用和发展.本节以集合在数据库中的应用为实例,简单介绍集合是如何应用于计算机领域的.

在数据库中,我们可以利用关系理论使数据库从网络型、层次型转变为关系型,这样将使数据库中的数据更容易表示、存储和处理,使数据逻辑结构简单、数据独立性强,数据共享、数据冗余可控和操作简单,方便数据的查询、插入、删除和修改等操作.

数据库是计算机管理数据的一种机构,通常由两部分构成:一部分是提供给数据存储用的存储空间,可以是磁盘、磁带或光盘等外存设备;另一部分是管理数据库中所有数据的一组程序 DBMS(数据库管理系统).用户可以通过 DBMS 提供的一系列操作语言来使用数据库中的数据,具体来说有如下操作.

- 数据的查询,从数据库中查找满足用户需求的数据.
- 数据的插入,将新的数据存储到数据库中.
- 数据的删除,删除数据库中指定数据.
- 数据的修改,修改数据库中指定数据.

在关系型数据库中,一个关系用一张二维表表示.二维表是用户在关系型数据库中进行操作的对象.二维表的列可以看作是一个集合,列标题就是该集合的名称;二维表中的一行称为一条记录,是由若干数据构成的一个序列.整张二维表就是若干条记录的集合.

下面用一个实例来分析集合在数据库中的应用.

例 1.4-1　假设某数据库系统有如表 1.4-1 所示的二维表.

表 1.4-1　二维表

姓　　名	年　　龄	学　　历	工 作 表 现
方俊	43	硕士	中
李华	25	本科	中
张兰	40	专科	良
杜芳	23	本科	优
程红	22	专科	良
周波	32	本科	中
张海	35	硕士	中
吴明	45	本科	良

姓　名	年　龄	学　历	工作表现
赵亮	21	专科	优
王丽	31	博士	良
刘涛	34	本科	中

根据表 1.4-1,可设全集 $E=\{$方俊、李华、张兰、杜芳、程红、周波、张海、吴明、赵亮、王丽、刘涛$\}$,则有如下子集:

$A=\{x\,|\,x\in E,x$ 的年龄大于等于 40 岁$\}=\{$方俊、张兰、吴明$\}$;

$B=\{x\,|\,x\in E,30\leqslant x$ 的年龄$<40\}=\{$周波、张海、王丽、刘涛$\}$;

$C=\{x\,|\,x\in E,x$ 的年龄小于 30 岁$\}=\{$李华、杜芳、程红、赵亮$\}$;

$D=\{x\,|\,x\in E,x$ 的文化程度高于本科$\}=\{$方俊、张海、王丽$\}$;

$E=\{x\,|\,x\in E,x$ 的文化程度为本科$\}=\{$李华、杜芳、周波、吴明、刘涛$\}$;

$F=\{x\,|\,x\in E,x$ 的文化程度低于本科$\}=\{$张兰、程红、赵亮$\}$;

$G=\{x\,|\,x\in E,x$ 的表现为"中"$\}=\{$方俊、李华、周波、张海、刘涛$\}$;

$H=\{x\,|\,x\in E,x$ 的表现为"良"$\}=\{$张兰、程红、吴明、王丽$\}$;

$I=\{x\,|\,x\in E,x$ 的表现为"优"$\}=\{$杜芳、赵亮$\}$.

要求:请选出年龄不足 40 岁,工作表现为"良"或"优",且学历不低于本科的人组成的集合.

解 设要求解的集合为 X,根据集合的性质和运算可得:

$$X=\bar{A}\cap(H\cup I)\cap\bar{F}=\bar{A}\cap\bar{G}\cap\bar{F}$$
$$=\overline{A\cup G}\cap\bar{F}=\overline{A\cup G\cup F}$$
$$=E-(A\cup G\cup F)$$
$$=\{杜芳,王丽\}.$$

因此,年龄不足 40 岁,工作表现为"良"或"优",且学历不低于本科的人是杜芳和王丽.

本 章 总 结

本章主要介绍集合的概念、集合与元素的关系、几种特殊的集合(空集、全集、幂集)、集合的基数、集合的运算、集合间的等值式以及集合在计算机学科中的应用.

(1) 正确理解集合的定义,掌握三种常见的集合表示法:显示法、隐示法、文氏图法.

(2) 弄清集合与元素的关系是隶属关系,集合与集合之间的关系是包含关系.

(3) 正确理解空集的绝对唯一性、全集的相对唯一性、幂集的正确求法.牢记空集是一切集合的子集,任何集合都是自身的子集.

(4) 理解集合基数的定义,学会利用集合基数求解实际问题.

(5) 掌握集合的并、交、补、差、对称差等基本运算的定义和满足的相关运算定律,以及对应文氏图的表示,证明集合运算律的"按定义证明法". 灵活运用集合间的等值式化简集合、证明集合相等以及解决实际应用问题.

(6) 了解集合在计算机学科中的广泛应用和发展.

本章需要重点掌握的内容:

(1) 掌握集合的概念、运算与性质;

(2) 掌握集合的幂数、基数;

(3) 掌握集合的计数方法.

习　　题

1. 用枚举法表示下列集合.

(1) 小于 300 的 15 的正倍数;

(2) 大于 20 小于 40 的整数;

(3) 20 的所有因数;

(4) $\{x \mid x=3$ 或 $x=7\}$;

(5) $\{x \mid x$ 是大于 3 小于 12 的自然数$\}$;

(6) $\{<x,y> \mid x,y$ 都是整数,且 $-1<x<3,-3<y<2\}$.

2. 用描述法表示下列集合.

(1) 大于 10 的所有 3 的倍数的集合;

(2) 选修了"离散数学"或"数据结构"课程的学生组成的集合;

(3) 偶整数集合;

(4) 9 的倍数组成的集合;

(5) 能被 100 整除的整数集合;

(6) 所有实数集上一元一次方程的解组成的集合.

3. 设 $S=\{\mathbf{N},\mathbf{Q},\mathbf{R}\}$,判断下列结论是否正确.

(1) $\mathbf{N} \subset \mathbf{Q}, \mathbf{Q} \in S$,则 $\mathbf{N} \subset S$;

(2) $\mathbf{N} \subset \mathbf{Q}, \mathbf{Q} \subset \mathbf{R}$,则 $\mathbf{N} \subset \mathbf{R}$;

(3) $2 \in \mathbf{N}, \mathbf{N} \in S$,则 $2 \in S$;

(4) $\{a,b\} \subseteq \{a,b,c,\{a,b,c\}\}$;

(5) $\{a,b\} \in \{a,b,c,\{a,b\}\}$;

(6) $\varnothing \subseteq \{\varnothing\}$.

4. 设 F 表示一年级大学生的集合,S 表示二年级大学生的集合,M 表示数学专业学生的集合,R 表示计算机专业学生的集合,T 表示选修"离散数学"课程学生的集合,G 表示周日晚上参加音乐会的学生的集合,H 表示周日晚上很晚才睡觉的学生的集合.则下列语句对应的集合表达式分别是什么?

(1) 所有计算机专业二年级的学生都选修了离散数学课程;

(2) 周日晚上去听音乐会的学生在周日晚上很晚才睡觉;

(3) 选修离散数学课程的学生都没有参加周日晚上的音乐会;

(4) 这个音乐会只是大学一、二年级的学生参加;

(5) 除去数学专业和计算机专业以外的二年级大学生都去参加了周日晚上的音乐会.

5. 求下列集合的基数和幂集.

(1) $\{a,b,c\}$;

(2) $\{1,2,3\}$;

(3) $\{1,\{2,3\}\}$;

(4) $\{\{1,2\},\{1,2,1\},\{2,1,1,2\}\}$;

(5) $\{\varnothing,a,b\}$;

(6) $\{\{\varnothing,2\},\{3\}\}$.

6. 设 $A=\varnothing, B=\{a\}$,试求 $P(A), P(P(A)), P(B), P(P(B))$.

7. 设全集 E 为 n 元集,按照某种给定顺序排列为 $E=\{x_1,x_2,\cdots,x_n\}$,在计算机中可以用长为 n 的 0,1 串位表示 E 的子集.例如,$E=\{1,2,3,4,5,6\}$,则 $A=\{1,2,5\}$ 和 $B=\{3,6\}$,对应的 0,1 串位分别为 110010 和 001001.试求:

(1) A 的补集 $\overline{A}$ 对应的 0,1 串位是什么?

(2) $A\bigcup B, A\bigcap B, A-B, A\oplus B$ 对应串位计算后分别对应的 0,1 串位是什么?

8. 设全集 $E=\{1,2,3,4,5\}, A=\{1,4\}, B=\{1,2,5\}, C=\{2,4\}$,求下列集合.

(1) $A\bigcap\overline{B}$;

(2) $\overline{A}\bigcap\overline{B}$;

(3) $\overline{B}\bigcup\overline{C}$;

(4) $(A\bigcap B)\bigcup\overline{C}$;

(5) $\overline{B\bigcap C}$;

(6) $P(A)\bigcup P(C)$.

9. 化简下列集合表达式.

(1) $((A\bigcup B\bigcup C)-(B\bigcup C))\bigcup A$;

(2) $((A\bigcup B)\bigcap B)-(A\bigcup B)$;

(3) $(B-(A\bigcap C))\bigcup(A\bigcap B\bigcap C)$;

(4) $((A\bigcup B\bigcup C)\bigcap(A\bigcup B))-(A\bigcup(B-C)\bigcap A)$;

(5) $\{2,3\}\bigcup\{\{2\},\{3\}\}\bigcup\{2,\{3\}\}\bigcup\{\{2\},3\}$.

10. 设 $A=\{x\mid x$ 是 book 中的字母$\}, B=\{x\mid x$ 是 black 中的字母$\}$,试求 $A\bigcup B$, $A\bigcap B$.

11. 设 $A=\{3,4\}, B=\{4,3\}\bigcap\varnothing, C=\{3,4\}\bigcap\varnothing, D=\{x\mid x^2-7x+12=0$ 且 x

$\in \mathbf{R}\}$，$E=\{\varnothing,3,4\}$，$F=\{4,3\}$，$G=\{4,3,\varnothing\}$，请问上述集合哪些是相等的？哪些是不相等的？

12. 设 A,B,C 是任意集合，证明：

(1) $(A-B)\bigcup(B-A)=(A\bigcup B)-(A\bigcap B)$；

(2) $(A-C)-(B-C)=(A-B)-C$；

(3) $(A-C)-B=(A-B)-C$；

(4) $(A-B)-C=A-(B\bigcup C)$；

(5) $A\bigcap(B\bigcup\overline{A})=B\bigcap A$；

(6) $\overline{(\overline{A}\bigcup B)}\bigcap\overline{A}=A$.

13. 用文氏图表示下列集合.

(1) $\overline{A}\bigcap\overline{B}$；

(2) $A\bigcap(\overline{B}\bigcup C)$；

(3) $(A-(B\bigcup C))\bigcup((B\bigcup C)-A)$.

14. 某班有 25 个学生，其中 14 人会打篮球，12 人会打排球，6 人会打篮球和排球，5 人会打篮球和网球，2 人会打这三种球. 已知 6 个会打网球的人都会打篮球或排球，那么不会打这三种球的人数是多少？

15. 某班有学生 60 人，其中有 38 人学习 Java 语言，有 16 人学习 C 语言，有 21 人学习 C++ 语言，有 3 人三种语言都学习，有 2 人三种语言都不学习. 试求学习两种语言的学生有多少人？

16. 对 60 个人的调查表明，有 25 人阅读"China Daily"杂志，26 人阅读"Times"杂志，26 人阅读《健康与生活》杂志，9 人阅读"China Daily"和《健康与生活》杂志，11 人阅读"China Daily"和"Times"杂志，8 人阅读"Times"和《健康与生活》杂志，还有 8 人什么杂志也不阅读. 试求：阅读三种杂志的人有多少？

17. 求从 1 到 1000 的整数中不能被 5、6 和 8 中任何一个数整除的整数个数.

18. 在 1 和 10000 之间(含 1 和 10000)，既不是某个整数的平方，也不是某个整数的立方的数有多少个？

兴 趣 阅 读

康托尔——集合论的创造者

康托尔是 19 世纪末 20 世纪初德国伟大的数学家，集合论的创立者. 是数学史上最富有想象力的人物之一. 他所创立的集合论被誉为 20 世纪最伟大的数学创造之一，集合概念大大扩充了数学的研究领域，给数学结构提供了一个基础.

1. 康托尔的生平

1845 年 3 月 3 日，乔治·康托尔生于俄国. 1856 年康托尔和他的父母一起迁到德国的法兰克福.像许多优秀的数学家一样,他在中学阶段就表现出一种对数学的特殊敏感,并不时得出令人惊奇的结论.他的父亲力促他学习数学,因而康托尔在 1863 年进入了柏林大学.这时柏林大学正在形成一个数学教学与研究的中心.康托尔很早就向往这所数学研究中心.所以在柏林大学,康托尔转到纯粹的数学专业.他在 1869 年取得在哈勒大学任教的资格,不久后就升为副教授,并在 1879 年升为正教授.1874 年康托尔在克列勒的《数学杂志》上发表了关于无穷集合理论的第一篇革命性文章.数学史上一般认为这篇文章的发表标志着集合论的诞生.这篇文章的创造性引起人们的注意.在以后的研究中,集合论和超限数成为康托尔研究的主流,他一直在这方面发表论文直到 1897 年,过度的思维劳累以及强烈的外界刺激曾使康托尔患上精神分裂症.这一难以消除的病根在他后来 30 多年间一直断断续续地影响着他的生活.1918 年 1 月 6 日,康托尔在哈勒大学的精神病院中去世.

2. 集合论的建立

从 19 世纪 30 年代起,不少杰出的数学家从事着对不连续函数的研究,并且都在一定程度上与集合这一概念挂起了钩.这就为康托尔最终建立集合论创造了条件.1870 年,海涅证明,如果表示一个函数的三角级数在区间 $[-\pi, \pi]$ 中去掉函数间断点的任意小邻域后,在剩下的部分上是一致收敛的,那么级数是唯一的.至于间断点的函数情况如何,海涅没有解决.康托尔开始着手解决这个以如此简洁的方式表达的唯一性问题.于是他跨出了集合论的第一步.

康托尔一下子就表现出比海涅更强的研究能力.他决定尽可能多地取消限制,当然这会使问题本身增加难度.为了给出最有普遍性的解,康托尔引进了一些新的概念.在其后的三年中,康托尔先后发表了五篇有关这一题目的文章.1872 年当康托尔将海涅提出的一致收敛的条件减弱为函数具有无穷个间断点的情况时,他已经将唯一性结果推广到允许例外值是无穷集的情况.康托尔 1872 年的论文是从间断点问题过渡到点集论的极为重要的环节,使无穷点集成为明确的研究对象.

集合论里的中心难点是无穷集合这个概念本身,无穷集合很自然地引起了数学家们和哲学家们的注意.而这种无穷集合的本质以及看起来矛盾的性质,很难像有穷集合那样能把握它.所以对这种集合的理解没有任何进展.早在中世纪,人们已经注意到这样的事实:如果从两个同心圆出发画射线,那么射线就在这两个圆的点与点之间建立了一一对应,然而两圆的周长是不一样的.16 世纪,伽利略还举例说,可以在两个不同长的线段 ab 与 cd 之间建立一一对应,从而想象出它们具有同样的点.

他又注意到正整数可以和它们的平方构成一一对应,只要使每个正整数同它们的平方对应起来就行了,但这导致无穷大的不同的"数量级",伽利略以为这是不可能的,因为所有无穷大都一样大.不仅是伽利略,在康托尔之前的数学家大多不赞成在无穷集之间使用一一对应的比较手段,因为它将出现部分等于全体的矛盾.高斯明确表态:"我反对把一个无穷量当作实体,这在数学中是从来不允许的.无穷只是一种说话的方式……",柯西也不承认无穷集合的存在.他不能允许部分同整体构成一一对应这件事.当然,潜无穷在一定条件下是便于使用的,但若把它作为无穷观,则是片面的.数学的发展表明,只承认潜无穷,否认实无穷是不行的.康托尔把时间用到对研究对象的深沉思考中.他认为,一个无穷集合能够和它的部分构成一一对应不是什么坏事,它恰恰反映了无穷集合的一个本质特征.对康托尔来说,如果一个集合能够和它的一部分构成一一对应,它就是无穷的.它定义了基数、可数集合等概念.并且证明了实数集是不可数的,代数数是可数的.康托尔最初的证明发表在 1874 年的《关于全体实代数数的特征》文章中,它标志着集合论的诞生.

随着实数不可数性质的确立,康托尔又提出一个新的,更大胆的问题.1874 年,他考虑了能否建立平面上的点和直线上的点之间的一一对应.从直观上说,平面上的点显然要比线上的点要多得多.康托尔自己起初也是这样认为的.但三年后,康托尔宣布:不仅平面和直线之间可以建立一一对应,而且一般的 n 维连续空间也可以建立一一对应!既然 n 维连续空间与一维连续具有相同的基数,于是,康托尔在 1879 年到 1884 年间集中于线性连续的研究,相继发表了六篇系列文章,汇集成《关于无穷的线性点集》.前四篇直接建立了集合论的一些重要结果.其中第五篇发表于 1883 年,它的篇幅最长,内容也最丰富.它不仅超出了线性点集的研究范围,而且给出了超穷数的一个完全一般的理论,其中借助良序集的序型引进了超穷序数的整个谱系.同时还专门讨论了由集合论产生的哲学问题,包括回答反对者们对康托尔所采取的实无穷立场的非难.这篇文章对康托尔是极为重要的.1883 年,康托尔将《集合论基础》作为专著单独出版.

3. 集合论的意义

集合论是现代数学中重要的基础理论.它的概念和方法已经渗透到代数、拓扑和分析等许多数学分支,为这些学科提供了奠基的方法,改变了这些学科的面貌.几乎可以说,如果没有集合论的观点,很难对现代数学获得一个深刻的理解.所以集合论的创立不仅对数学基础的研究有重要意义,而且对现代数学的发展也有深远的影响.

康托尔一生受尽磨难.他因为其集合论受到攻击长达十年.康托尔虽曾一度对数学失去兴趣,而转向哲学、文学,但始终不能放弃集合论.康托尔能不顾众多数学家、哲学家,甚至神学家的反对,坚定地捍卫超穷集合论,与他的科学家气质和性格是分不开的.正是这种坚定、乐观的信念使康托尔义无反顾地走向数学家之路,并真正取得了成功.今天集合论已成为整个数学大厦的基础,康托尔也因此成为世纪之交的最伟大的数学家之一.

第2章 关　　系

　　关系是一个非常普遍的概念,在宇宙万物之间和日常生活当中,我们会遇到各种各样的关系.例如:整数的大于关系、小于关系、整除关系;人与人之间的父子关系、夫妻关系、上下级关系.

　　这一章非常重要,它不仅是关系数据库的理论基础,而且在算法分析、编译原理、操作系统等课程中,也有着重要作用.

2.1　关系的概念

　　讲解关系之前,先介绍两个重要的概念:序偶和笛卡儿积.

2.1.1　序偶

　　定义 2.1-1　由两个元素 a,b 按一定顺序排列成的二元组,叫作**序偶**,也叫有序对,记作 $<a,b>$;其中 a 称为第一元素,b 称为第二元素.

　　序偶具有以下性质:

　　(1) 当 $x \neq y$ 时,$<x,y> \neq <y,x>$;

　　(2) $<a,b>=<x,y>$ 的充分必要条件是 $a=x$ 且 $b=y$.

　　平面直角坐标系中点的坐标,就是一个序偶,如图 2.1-1 所示点 $P(1,3)$.

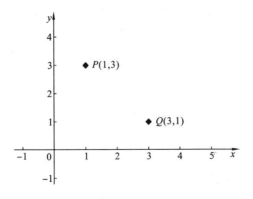

图 2.1-1

　　注意:序偶与集合有很大的区别,集合中的元素是无序的,而序偶中的两个元素一定要强调顺序性,如图 2.1-1 所示点 $P(1,3)$ 和点 $Q(3,1)$,显然是两个不同的点.

序偶中的两个元素可以来自同一集合,也可来自不同集合,例如<牛,水>,可以表示牛要喝水,其中牛是一种动物,水是一种资源.当然也要强调顺序性,反过来<水,牛>则表示水要喝牛.

再如,<月亮,地球>表示月亮围绕地球转,其中月亮属于卫星集合,地球属于行星集合,若反过来<地球,月亮>则表示地球围绕月亮转,显然不合理.

例 2.1-1 已知$<x+2,4>=<5,2x+y>$,求 x 和 y.

解 根据序偶相等的充要条件有:

$$\begin{cases} x+2=5; \\ 4=2x+y. \end{cases}$$

解得 $x=3, y=-2$.

2.1.2 笛卡儿积

笛卡儿积就是由序偶组成的集合.

定义 2.1-2 设 A,B 是两个集合,用 A 中的元素为第一元素,B 中的元素为第二元素构成序偶,所有这样的序偶组成的集合叫做 A 和 B 的**笛卡儿积**,记作 $A \times B$.

符号化表示为

$$A \times B = \{<x, y> | x \in A \text{ 且 } y \in B\}.$$

例 2.1-2 设集合 $A=\{1,2,3\}$,集合 $B=\{a,b\}$,求 $A \times B$ 与 $B \times A$.

解 $A \times B = \{<1,a>,<1,b>,<2,a>,<2,b>,<3,a>,<3,b>\}$.

$B \times A = \{<a,1>,<a,2>,<a,3>,<b,1>,<b,2>,<b,3>\}$.

显然,笛卡儿积运算并不满足交换律,但有一个特殊情况,就是 $A \times \varnothing = \varnothing \times A = \varnothing$.

同样,笛卡儿积运算不满足结合律,即当 $A \neq B$ 时,$(A \times B) \times C \neq A \times (B \times C)$.

但是,笛卡儿积运算对并运算和交运算满足分配率.

定理 2.1-1 设 A,B,C 是集合,则:

(1) $A \times (B \cup C)=(A \times B) \cup (A \times C),(B \cup C) \times A=(B \times A) \cup (C \times A)$;

(2) $A \times (B \cap C)=(A \times B) \cap (A \times C),(B \cap C) \times A=(B \times A) \cap (C \times A)$.

笛卡儿积的几何含义,可以看作平面上的一个区域.

例 2.1-3 已知集合 $A=\{x|1 \leqslant x \leqslant 2, x \in \mathbf{R}\}$,$B=\{y|y \geqslant 0, y \in \mathbf{R}\}$,求 $A \times B$.

解 $A \times B = \{<x,y>|1 \leqslant x \leqslant 2 \text{ 且 } y \geqslant 0 \text{ 且 } x,y \in \mathbf{R}\}$,

如图 2.1-2 所示的平面区域.

2.1.3 关系的定义

关系可以看作是笛卡儿积的子集,也是序偶组成的集合.

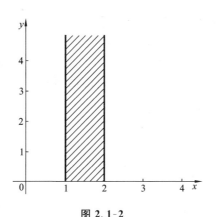

图 2.1-2

定义 2.1-3 如果一个集合满足以下条件之一:

(1)集合非空,且它的元素都是序偶;

(2)集合是空集.

则称该集合为一个**二元关系**,简称**关系**,记作 R. 对于二元关系 R,如果 $<x,y>$ $\in R$,可记作 xRy;如果 $<x,y>\notin R$,则记作 $xR'y$.

例如 $R_1=\{<1,2>,<a,b>\}$,$R_2=\{<1,2>,a\}$,则 R_1 是二元关系,R_2 不是二元关系,只是一个集合.

定义 2.1-4 设 A,B 为集合,$A\times B$ 的任何子集所定义的二元关系叫作从 A 到 B 的二元关系,特别当 $A=B$ 时,叫作 A 上的二元关系.

例如,集合 $A=\{0,1\}$,$B=\{1,2,3\}$,那么 $R_1=\{<0,2>\}$,$R_2=A\times B$,$R_3=\varnothing$,$R_4=\{<0,1>\}$ 等都是从 A 到 B 的二元关系,而 R_3 和 R_4 同时也是 A 上的二元关系.

集合 A 上二元关系的数目,依赖于 A 中元素的个数,如果 $|A|=n$,那么 $|A\times A|$ $=n^2$,$A\times A$ 的子集就有 2^{n^2} 个. 每一个子集代表一个 A 上的二元关系,所以 A 上有 2^{n^2} 个不同的二元关系.

例 2.1-4 设集合 $A=\{a,b\}$,求出定义在 A 上的所有的二元关系.

解 首先计算 $A\times A=\{<a,a>,<a,b>,<b,a>,<b,b>\}$.

则定义在 A 上的二元关系共有 16 个,即 $A\times A$ 的所有子集,分别如下.

包含 0 个序偶的二元关系:$\varnothing$.

包含 1 个序偶的二元关系:$\{<a,a>\}$,$\{<a,b>\}$,$\{<b,a>\}$,$\{<b,b>\}$.

包含 2 个序偶的二元关系:$\{<a,a>,<a,b>\}$,$\{<a,a>,<b,a>\}$,$\{<a,a>,<b,b>\}$,$\{<a,b>,<b,a>\}$,$\{<a,b>,<b,b>\}$,$\{<b,a>,<b,b>\}$.

包含 3 个序偶的二元关系:$\{<a,a>,<a,b>,<b,b>\}$,$\{<a,a>,<a,b>,<b,b>\}$,$\{<a,b>,<b,a>,<b,b>\}$,$\{<a,a>,<b,a>,<b,b>\}$.

包含 4 个序偶的二元关系:$\{<a,a>,<a,b>,<b,a>,<b,b>\}$.

对于任何集合 A,都有 3 个特殊的二元关系:空关系、全关系、恒等关系.

定义 2.1-5 对于任意集合 A：

(1) 空集 $\varnothing$ 是 $A \times A$ 的子集，也是 A 上的关系，叫作**空关系**.

(2) 定义 $U_A = \{<x,y> | x \in A$ 且 $y \in A\} = A \times A$ 为**全关系**.

(3) 定义 $I_A = \{<x,x> | x \in A\}$ 为 A 上的**恒等关系**.

例 2.1-5 $A = \{a,b\}$，则 $U_A = \{<a,a>, <a,b>, <b,a>, <b,b>\}$，$I_A = \{<a,a>, <b,b>\}$.

2.1.4 关系的定义域与值域

定义 2.1-6 关系 $R \subseteq A \times B$ 中所有序偶的第一元素构成的集合称为 R 的**定义域**，记作 $\mathrm{dom}R$；第二元素构成的集合称为 R 的**值域**，记作 $\mathrm{ran}R$，即：

$\mathrm{dom}R = \{x | x \in A, \exists y \in B$，使得 $<x,y> \in R\}$；

$\mathrm{ran}R = \{y | y \in B, \exists x \in A$，使得 $<x,y> \in R\}$.

例如，$R = \{<1,2>, <1,3>, <2,1>, <3,4>\}$，则 $\mathrm{dom}R = \{1,2,3\}$，$\mathrm{ran}R = \{1,2,3,4\}$.

例 2.1-6 设集合 $A = \{1,2\}$，$B = \{2,3,4\}$，定义 A 到 B 上的二元关系 $R = \{<1,2>, <1,3>, <2,2>, <2,4>\}$，则 $\mathrm{dom}R = \{1,2\}$，$\mathrm{ran}R = \{2,3,4\}$.

2.1.5 关系的表示方法

由于关系是序偶组成的集合，那么可以用表示集合的方法来表示关系，但由于关系的特殊性，还有其如下独特的表示方法.

1. 列举法

如果二元关系中的序偶个数是有限的，可以将它们列举出来.

例 2.1-7 设集合 $A = \{1,2,3,4\}$，下面各式定义的 R 都是 A 上的关系，用列举法表示 R.

(1) $R = \{<x,y> | x$ 是 y 的倍数$\}$；

(2) $R = \{<x,y> | <x-y>^2 \in A\}$；

(3) $R = \left\{<x,y> \left| \dfrac{x}{y} \right.$ 是素数$\right\}$；

(4) $R = \{<x,y> | x \neq y\}$.

解 (1) $R = \{<4,4>, <4,2>, <4,1>, <3,3>, <3,1>, <2,2>, <2,1>, <1,1>\}$；

(2) $R = \{<2,1>, <3,2>, <4,3>, <3,1>, <4,2>, <2,4>, <1,3>, <3,4>, <2,3>, <1,2>\}$；

(3) $R = \{<2,1>, <3,1>, <4,2>\}$；

(4) $R=U_A-I_A=\{<1,2>,<1,3>,<1,4>,<2,1>,<2,3>,$
　　　　$<2,4>,<3,1>,<3,2>,<3,4>,<4,1>,<4,2>,<4,3>\}.$

2. 描述法

用确定的条件表示某些序偶是否属于这个关系,并把这个条件写在大括号内.
例如在集合 A 上定义的小于或等于关系,$L_A=\{<a,b>|a\in A,b\in A,a\leqslant b\}.$

3. 关系矩阵

定义 2.1-7　设 A 和 B 是两个有限集 $A=\{a_1,a_2,\cdots,a_m\}$,$B=\{b_1,b_2,\cdots,b_n\}$,R 是从 A 到 B 的二元关系,令

$$r_{ij}=\begin{cases}1,&\text{当且仅当}<a_i,b_j>\in R,\\0,&\text{当且仅当}<a_i,b_j>\notin R,\end{cases}\quad(i=1,2,\cdots,m;j=1,2,\cdots,n),$$

则其矩阵

$$\begin{bmatrix}r_{11}&r_{12}&\cdots&r_{1n}\\r_{21}&r_{22}&\cdots&r_{2n}\\\vdots&\vdots& &\vdots\\r_{m1}&r_{m2}&\cdots&r_{mn}\end{bmatrix}$$

是 R 的关系矩阵.

例 2.1-8　集合 $A=\{a,b,c,d\}$,$B=\{x,y,z\}$,关系 $R=\{<a,x>,<a,z>,<b,y>,<c,z>,<d,y>\}$,则 R 的关系矩阵为:

$$M_R=\begin{bmatrix}1&0&1\\0&1&0\\0&0&1\\0&1&0\end{bmatrix}.$$

例 2.1-9　集合 $A=\{1,2,3,4\}$,关系 $R=\{<1,1>,<1,2>,<2,3>,<2,4>,<4,2>\}$,则 R 的关系矩阵为:

$$M_R=\begin{bmatrix}1&1&0&0\\0&0&1&1\\0&0&0&0\\0&1&0&0\end{bmatrix}.$$

4. 关系图

定义 2.1-8　设集合 $A=\{a_1,a_2,\cdots,a_n\}$,R 是 A 上的关系,V 是顶点集合,E 是有向边的集合,令 $V=A$,且 $<a_i,a_j>\in E\Leftrightarrow<a_i,a_j>\in R$,则有向图 $G=\langle V,E\rangle$ 就是 R 的关系图.

例 2.1-10　集合 $A=\{1,2,3,4\}$,关系 $R=\{<1,1>,<1,2>,<2,3>,<2,4>,<4,2>\}$,则 R 的关系如图 2.1-3 所示.

其中如果 $<a_i,a_i>\in R$,则用自环来表示.

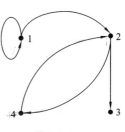

图 2.1-3

2.2 关系的运算

2.2.1 关系的集合运算

由于关系是序偶组成的集合,那么所有集合的运算法则都适用于关系.

定义 2.2-1 关系 R 和 S 是 A 到 B 的两个二元关系,对于 $a \in A, b \in B$,定义:

(1) $<a,b> \in R \cup S \Leftrightarrow <a,b> \in R$ 或 $<a,b> \in S$;

(2) $<a,b> \in R \cap S \Leftrightarrow <a,b> \in R$ 且 $<a,b> \in S$;

(3) $<a,b> \in R-S \Leftrightarrow <a,b> \in R$ 且 $<a,b> \notin S$;

(4) $<a,b> \in R' \Leftrightarrow <a,b> \in A \times B - R$.

例 2.2-1 集合 $A=\{a,b,c\}, B=\{1,2\}$,A 到 B 的两个二元关系,$R=\{<a,1>, <b,2>,<c,1>\}$,$S=\{<a,1>,<b,1>,<c,2>\}$,求 $R \cup S, R \cap S, R-S, R'$.

解 $R \cup S = \{<a,1>,<b,2>,<c,1>,<b,1>,<c,2>\}$;

$\qquad R \cap S = \{<a,1>\}$;

$\qquad R-S = \{<b,2>,<c,1>\}$;

$\qquad R' = A \times B - R = \{<a,2>,<b,1>,<c,2>\}$.

也可以用关系矩阵来求解,这样便于计算机处理.

$$M_{R \cup S} = M_R \vee M_S \text{(矩阵的对应分量按位"或"运算)};$$

$$M_{R \cap S} = M_R \wedge M_S \text{(矩阵的对应分量按位"与"运算)};$$

$$M_{R-S} = M_{R \cap S'} = M_R \wedge M_{S'};$$

$$M_{R'} = M_R' \text{(矩阵的对应分量按位取反)}.$$

关系 R 与 S 的关系矩阵分别表示为:

$$M_R = \begin{bmatrix} 1 & 0 \\ 0 & 1 \\ 1 & 0 \end{bmatrix};$$

$$M_S = \begin{bmatrix} 1 & 0 \\ 1 & 0 \\ 0 & 1 \end{bmatrix};$$

$$M_{R \cup S} = \begin{bmatrix} 1 & 0 \\ 0 & 1 \\ 1 & 0 \end{bmatrix} \vee \begin{bmatrix} 1 & 0 \\ 1 & 0 \\ 0 & 1 \end{bmatrix} = \begin{bmatrix} 1 & 0 \\ 1 & 1 \\ 1 & 1 \end{bmatrix};$$

$$M_{R \cap S} = \begin{bmatrix} 1 & 0 \\ 0 & 1 \\ 1 & 0 \end{bmatrix} \wedge \begin{bmatrix} 1 & 0 \\ 1 & 0 \\ 0 & 1 \end{bmatrix} = \begin{bmatrix} 1 & 0 \\ 0 & 0 \\ 0 & 0 \end{bmatrix};$$

$$M_{R-S} = \begin{bmatrix} 1 & 0 \\ 0 & 1 \\ 1 & 0 \end{bmatrix} \wedge \begin{bmatrix} 0 & 1 \\ 0 & 1 \\ 1 & 0 \end{bmatrix} = \begin{bmatrix} 0 & 0 \\ 0 & 1 \\ 1 & 0 \end{bmatrix};$$

$$M_{R'} = M_R{}' = \begin{bmatrix} 0 & 1 \\ 1 & 0 \\ 0 & 1 \end{bmatrix}.$$

2.2.2　关系的逆运算

定义 2.2-2　设 R 为二元关系,称 $R^{-1} = \{<y, x> | <x, y> \in R\}$ 为 R 的**逆关系**.

例 2.2-2　关系 $F = \{<3,3>, <6,2>\}, G = \{<2,3>\}$,求 F^{-1} 和 G^{-1}.

解　$F^{-1} = \{<3,3>, <2,6>\}, G^{-1} = \{<3,2>\}$.

2.2.3　关系的复合运算

定义 2.2-3　R 是集合 A 到集合 B 的二元关系,S 是集合 B 到集合 C 的二元关系,称

$$R \circ S = \{<x,z> | x \in A, z \in C \text{ 且存在 } y \in B \text{ 使得} <x,y> \in R, <y,z> \in S\}$$

为**复合关系**.

关系的逆运算比较好求,只需要把关系 R 所有的序偶颠倒,但复合就没有这么简单,可以用图解法来做.

例 2.2-3　关系 $F = \{<3,3>, <6,2>\}, G = \{<2,3>\}$,求 $F \circ G$ 和 $G \circ F$.

解　首先做出 F 的图示,然后将 G 的图示接到 F 的右边,如图 2.2-1 所示.

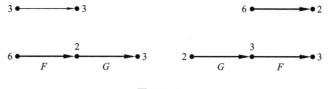

图 2.2-1

所以 $F \circ G = \{<6,3>\}$,同理 $G \circ F = \{<2,3>\}$.

例 2.2-4　设集合 $A = \{0,1,2,3,4\}$,R,S 均为 A 上二元关系,且

$R = \{<x,y> | x+y=4\} = \{<0,4>, <4,0>, <1,3>, <3,1>, <2,2>\}$,

$\quad S = \{<x,y> | y-x=1\} = \{<0,1>, <1,2>, <2,3>, <3,4>\}$.

求 $R \circ S, S \circ R, R \circ R, S \circ S, (R \circ S) \circ R, R \circ (S \circ R)$.

解 $\quad R \circ S = \{<4,1>,<1,4>,<3,2>,<2,3>\}$；

$\quad\quad\quad S \circ R = \{<0,3>,<1,2>,<2,1>,<3,0>\}$；

$\quad\quad\quad R \circ R = \{<0,0>,<4,4>,<1,1>,<3,3>,<2,2>\}$；

$\quad\quad\quad S \circ S = \{<0,2>,<1,3>,<2,4>\}$；

$\quad\quad\quad (R \circ S) \circ R = \{<4,3>,<1,0>,<3,2>,<2,1>\}$；

$\quad\quad\quad R \circ (S \circ R) = \{<4,3>,<3,2>,<2,1>,<1,0>\}$.

从上例可看出，一般地 $R \circ S \neq S \circ R$.

关系的集合运算、逆运算和复合运算，有下列性质.

定理 2.2-1 设 F、G、H 是集合 A 到集合 B 的二元关系，则有：

(1) $(F^{-1})^{-1} = F$；

(2) $\mathrm{dom}F^{-1} = \mathrm{ran}F, \mathrm{ran}F^{-1} = \mathrm{dom}F$；

(3) $F \circ I_A = I_A \circ F = F$；

(4) $(F \circ G) \circ H = F \circ (G \circ H)$；

(5) $(F \circ G)^{-1} = G^{-1} \circ F^{-1}$；

(6) $(F \bigcup G)^{-1} = F^{-1} \bigcup G^{-1}, (F \bigcap G)^{-1} = F^{-1} \bigcap G^{-1}$.

证明 这里只证明关系 (1)(2)(3).

(1) 任取 $<x,y>$，由逆的定义有：

$$<x,y> \in (F^{-1})^{-1} \Leftrightarrow <y,x> \in F^{-1} \Leftrightarrow <x,y> \in F,$$

因此 $(F^{-1})^{-1} = F$.

(2) 任取 $x \in \mathrm{dom}F^{-1}$，则有：

存在 y，使得 $<x,y> \in F^{-1} \Leftrightarrow$ 存在 y，使得 $<y,x> \in F \Leftrightarrow x \in \mathrm{ran}F$，

因此 $\mathrm{dom}F^{-1} = \mathrm{ran}F$，同理可证 $\mathrm{ran}F^{-1} = \mathrm{dom}F$.

(3) 任取 $<x,y> \in R \circ I_A$，则有：

存在 t，使得 $<x,t> \in R$，且 $<t,y> \in I_A$，根据 I_A 的定义 $t = y$，因此 $<x,y> \in R$.

任取 $<x,y> \in R$，根据 I_A 的定义，$<y,y> \in I_A$，因此 $<x,y> \in R$ 且 $<y,y>$ $\in I_A$. 所以 $<x,y> \in R \circ I_A$，即 $R \circ I_A = R$.

同理可证 $I_A \circ R = R$.

综上所述，关系的复合运算满足结合律，一般不满足交换律，除非其中之一为恒等关系.

2.2.4 关系的幂运算

关系 R 的 n 次幂，也就是 n 个 R 的复合.

定义 2.2-4 设 R 为 A 上的关系，n 为自然数，则 R 的 **n 次幂** 定义为：

(1) $R^0 = I_A$；

(2) $R^1 = R$；

(3) $R^2 = R \circ R$;

(4) $R^n = R^m \circ R^{n-m}$.

如何求解关系 R 的 n 次幂? 可以用图解法来做.

例 2.2-5 设 $A = \{a, b, c, d\}, R = \{<a, b>, <b, a>, <b, c>, <c, d>\}$, 求 R 的各次幂.

解 分别画出 R^1、R^2、R^3、R^4 的关系图, 如图 2.2-2 所示.

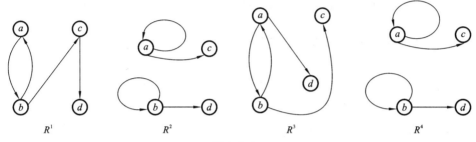

图 2.2-2

则有:

$$R^1 = \{<a, b>, <b, a>, <b, c>, <c, d>\};$$
$$R^2 = \{<a, a>, <a, c>, <b, b>, <b, d>\};$$
$$R^3 = \{<a, b>, <a, d>, <b, a>, <b, c>\};$$
$$R^4 = \{<a, a>, <a, c>, <b, b>, <b, d>\}.$$

对于简单的关系, 使用图解法简明直观, 但如果关系比较复杂, 或者指数 n 比较大, 则相当烦琐. 因此, 还可以利用关系矩阵的乘法求解, 也便于计算机处理.

例 2.2-6 设 $A = \{a, b, c\}, R = \{<a, a>, <a, b>, <b, a>, <b, c>\}$, 求 R 的各次幂.

解 R 的关系矩阵为:

$$\boldsymbol{M} = \begin{bmatrix} 1 & 1 & 0 \\ 1 & 0 & 1 \\ 0 & 0 & 0 \end{bmatrix}.$$

R 在 A 上的复合关系计算如下所示.

在关系矩阵的定义中, 只有 0 和 1 两个元素, 因此做矩阵乘法时, 应当采用布尔乘, 即

$$\boldsymbol{M}^2 = \begin{bmatrix} 1 & 1 & 0 \\ 1 & 0 & 1 \\ 0 & 0 & 0 \end{bmatrix} \cdot \begin{bmatrix} 1 & 1 & 0 \\ 1 & 0 & 1 \\ 0 & 0 & 0 \end{bmatrix} = \begin{bmatrix} 1 & 1 & 1 \\ 1 & 1 & 0 \\ 0 & 0 & 0 \end{bmatrix};$$

$$\boldsymbol{M}^3 = \begin{bmatrix} 1 & 1 & 0 \\ 1 & 0 & 1 \\ 0 & 0 & 0 \end{bmatrix} \cdot \begin{bmatrix} 1 & 1 & 1 \\ 1 & 1 & 0 \\ 0 & 0 & 0 \end{bmatrix} = \begin{bmatrix} 1 & 1 & 1 \\ 1 & 1 & 1 \\ 0 & 0 & 0 \end{bmatrix};$$

$$M^4 = \begin{bmatrix} 1 & 1 & 0 \\ 1 & 0 & 1 \\ 0 & 0 & 0 \end{bmatrix} \cdot \begin{bmatrix} 1 & 1 & 1 \\ 1 & 1 & 1 \\ 0 & 0 & 0 \end{bmatrix} = \begin{bmatrix} 1 & 1 & 1 \\ 1 & 1 & 1 \\ 0 & 0 & 0 \end{bmatrix}.$$

2.3 关系的性质

关系的性质主要有 5 种,即自反性、反自反性、对称性、反对称性和传递性.

2.3.1 自反性与反自反性

定义 2.3-1 R 为集合 A 上的关系:

(1) 任意 $x \in A$,都有 $<x,x> \in R$,则关系 R 在集合 A 上是**自反的**;

(2) 任意 $x \in A$,都有 $<x,x> \notin R$,则关系 R 在集合 A 上是**反自反的**.

例如集合 A 上的全关系、恒等关系、小于或等于关系、整除关系、包含关系都是自反的,集合 A 上的小于关系、真包含关系是反自反的.

定理 2.3-1 R 为集合 A 上的关系:

(1) R 是自反的,当且仅当 $I_A \subseteq R$;

(2) R 是反自反的,当且仅当 $I_A \cap R = \varnothing$.

证明略.

例 2.3-1 设 $A = \{1,2,3\}$,$R_1 = \{<1,1>,<2,2>\}$,$R_2 = \{<1,1>,<2,2>,<3,3>,<1,2>\}$,$R_3 = \{<1,3>\}$,说明 R_1,R_2,R_3 是否为 A 上自反的关系.

解 因为 $I_A = \{<1,1>,<2,2>,<3,3>\}$,所以只有 $I_A \subseteq R_2$,即只有 R_2 是 A 上自反的关系.

如果关系 R 在 A 上是自反的,则关系矩阵的对角线全是 1,如关系 R_1,R_2,R_3 的关系矩阵分别为:

$$M_1 = \begin{bmatrix} 1 & 0 & 0 \\ 0 & 1 & 0 \\ 0 & 0 & 0 \end{bmatrix}; \quad M_2 = \begin{bmatrix} 1 & 1 & 0 \\ 0 & 1 & 0 \\ 0 & 0 & 1 \end{bmatrix}; \quad M_3 = \begin{bmatrix} 0 & 0 & 1 \\ 0 & 0 & 0 \\ 0 & 0 & 0 \end{bmatrix}.$$

可以看出只有 M_2 的对角线全为 1.

如果关系 R 是 A 上自反的关系,则关系图中每个点都有自环,例如,关系 R_1,R_2,R_3 的关系如图 2.3-1 所示.

可以看出只有 R_2 的关系图中每个点都有自环.

例 2.3-2 设 $A = \{1,2,3\}$,$R_1 = \{<1,1>,<1,2>\}$,$R_2 = \{<1,2><2,1>,<2,2>\}$,$R_3 = \{<1,3>\}$ 说明 R_1,R_2,R_3 是否为 A 上反自反的关系.

解 $I_A = \{<1,1>,<2,2>,<3,3>\}$,则有:

$$R_1 \cap I_A = \{<1,1>\} \neq \varnothing,$$

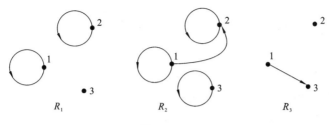

图 2.3-1

$$R_2 \cap I_A = \{<2,2>\} \neq \varnothing,$$
$$R_3 \cap I_A = \varnothing.$$

因此只有 R_3 为 A 上反自反的关系.

如果关系 R 在 A 上是反自反的,则关系矩阵的对角线全是 0,如关系 R_1,R_2,R_3 的关系矩阵分别为:

$$\boldsymbol{M}_1 = \begin{bmatrix} 1 & 1 & 0 \\ 0 & 0 & 0 \\ 0 & 0 & 0 \end{bmatrix}; \quad \boldsymbol{M}_2 = \begin{bmatrix} 0 & 1 & 0 \\ 1 & 1 & 0 \\ 0 & 0 & 0 \end{bmatrix}; \quad \boldsymbol{M}_3 = \begin{bmatrix} 0 & 0 & 1 \\ 0 & 0 & 0 \\ 0 & 0 & 0 \end{bmatrix}.$$

可以看出只有 $\boldsymbol{M}_3$ 的对角线全为 0.

如果关系 R 是 A 上反自反的关系,则关系图中每个点都没有自环,例如关系 R_1,R_2,R_3 的关系如图 2.3-2 所示.

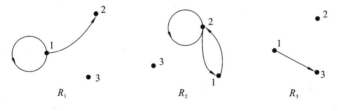

图 2.3-2

可以看出只有 R_3 的关系图中每个点都没有自环.

2.3.2 对称性与反对称性

定义 2.3-2 R 为集合 A 上的关系:

(1) 对于任意的 x,y,如果 $x,y \in A$,当 $<x,y> \in R$ 时,有 $<y,x> \in R$,则 R 在 A 上是**对称**的,否则 R 是非对称的;

(2) 对于任意的 x,y,如果 $x,y \in A$,当 $<x,y> \in R$ 且 $<y,x> \in R$ 时,有 $x = y$,则 R 在 A 上是**反对称**的.

例如 A 上的全关系、恒等关系、空关系都是对称的关系,同时恒等关系、空关系也是反对称的.

注意, 存在关系既是对称的, 又是反对称的.

定理 2.3-2 R 是 A 上的关系:

(1) R 是对称的, 当且仅当 $R = R^{-1}$;

(2) R 是反对称的, 当且仅当 $R \cap R^{-1} \subseteq I_A$.

例 2.3-3 设 $A = \{1, 2, 3\}$, $R_1 = \{<1, 1>, <1, 2>, <2, 1>\}$, $R_2 = \{<1, 1>\}$, $R_3 = \{<2, 1>, <2, 2>\}$, 说明 R_1, R_2, R_3 是否为 A 上对称的关系.

解 $R_1^{-1} = \{<1, 1>, <2, 1>, <1, 2>\}$.

由于集合的无序性, 因此 $R_1^{-1} = R_1$, 所以 R_1 是对称的.

显然 $R_2^{-1} = \{<1, 1>\} = R_2$, 所以 R_2 是对称的.

$R_3^{-1} = \{<1, 2>, <2, 2>\} \neq R_3$, 所以 R_3 不是对称的.

如果关系 R 在 A 上是对称的, 则关系矩阵关于对角线对称, 如关系 R_1, R_2, R_3 的关系矩阵分别为:

$$M_1 = \begin{bmatrix} 1 & 1 & 0 \\ 1 & 0 & 0 \\ 0 & 0 & 0 \end{bmatrix}; \quad M_2 = \begin{bmatrix} 1 & 0 & 0 \\ 0 & 0 & 0 \\ 0 & 0 & 0 \end{bmatrix}; \quad M_3 = \begin{bmatrix} 0 & 0 & 0 \\ 1 & 1 & 0 \\ 0 & 0 & 0 \end{bmatrix}.$$

可以看出 M_1 和 M_2 关于矩阵主对角线对称.

如果关系 R 在 A 上是对称的, 则关系图中任何不同两点之间都不存在单线, 例如关系 R_1, R_2, R_3 的关系如图 2.3-3 所示.

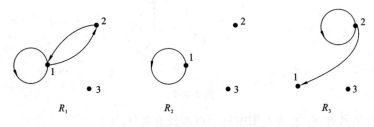

图 2.3-3

可以看出只有 R_3 的关系图中存在单线.

例 2.3-4 设 $A = \{1, 2, 3\}$, $R_1 = \{<1, 1>, <2, 2>\}$, $R_2 = \{<1, 2>, <1, 3>\}$, $R_3 = \{<1, 2>, <2, 1>, <1, 1>\}$, 说明 R_1, R_2, R_3 是否为 A 上反对称的关系.

解 $I_A = \{<1, 1>, <2, 2>, <3, 3>\}$, $R_1^{-1} = \{<1, 1>, <2, 2>\}$, 因此 $R_1^{-1} \cap R_1 = \{<1, 1>, <2, 2>\} \subseteq I_A$. 即 R_1 是反对称的.

$R_2^{-1} = \{<2, 1>, <3, 1>\}$, 因此, $R_2^{-1} \cap R_2 = \varnothing \subseteq I_A$, 即 R_2 是反对称的.

$R_3^{-1} = \{<2, 1>, <1, 2>, <1, 1>\}$, 由集合的无序性可知, $R_3^{-1} \cap R_3 = \{<2, 1>, <1, 2>, <1, 1>\}$, 不是 I_A 的子集, 所以 R_3 不是反对称的.

如果关系 R 在 A 上是反对称的, 则关系矩阵关于除了对角线外, 不存在关于对

角线对称的元素,如关系 R_1,R_2,R_3 的关系矩阵分别为:

$$\boldsymbol{M}_1=\begin{bmatrix}1&0&0\\0&1&0\\0&0&0\end{bmatrix};\quad \boldsymbol{M}_2=\begin{bmatrix}0&1&1\\0&0&0\\0&0&0\end{bmatrix};\quad \boldsymbol{M}_3=\begin{bmatrix}1&1&0\\1&0&0\\0&0&0\end{bmatrix}.$$

可以看出 $\boldsymbol{M}_3$ 存在关于对角线对称的元素.

如果关系 R 在 A 上是反对称的,则关系图中任何不同两点之间都不存在双线,例如关系 R_1,R_2,R_3 的关系如图 2.3-4 所示.

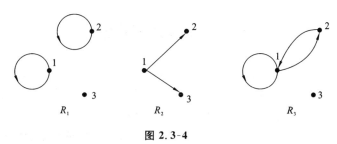

图 2.3-4

可以看出只有 R_3 的关系图中存在双线.

2.3.3　传递性

定义 2.3-3　R 是 A 上的关系,对于任意 $x,y,z\in A$,当$<x,y>\in R$,且$<y,z>\in R$ 时,有$<x,z>\in R$,则 R 在 A 上是**传递**的.

其中$<x,y>\in R$,且$<y,z>\in R$ 称为传递前提,而$<x,z>\in R$ 称为传递结果,从命题逻辑的角度来看,如果没有传递前提,无论有没有传递结果,命题都是真命题,也就是具备传递性.

例如,全关系、恒等关系、小于关系、小于或等于关系、整除关系、包含关系,都是传递的关系.

定理 2.3-3　R 是 A 上传递关系,当且仅当 $R\circ R\subseteq R$.

例 2.3-5　设 $A=\{1,2,3\}$,$R_1=\{<1,1>\}$,$R_2=\{<1,3>,<2,3>\}$,$R_3=\{<1,1>,<1,2>,<2,3>\}$,说明 R_1,R_2,R_3 是否为集合 A 上传递的关系.

解　$R_1\circ R_1=\{<1,1>\}\subseteq R_1$,因此 R_1 是 A 上传递的关系.

$R_2\circ R_2=\varnothing\subseteq R_2$,因此 R_2 是 A 上传递的关系.

$R_3\circ R_3=\{<1,1>,<1,2>,<1,3>\}$,不是 R_3 的子集,因此 R_3 不是 A 上传递的关系.

关系 R_1,R_2,R_3 的关系如图 2.3-5 所示.

从关系图看,R_1 和 R_2 是传递的,R_3 有传递前提,但没有传递结果,因此不是传递的.

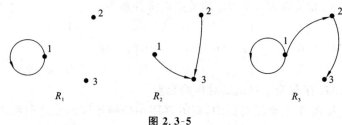

图 2.3-5

2.4 关系的闭包

设 R 是集合 A 上的关系,我们希望 R 具有某些性质,如自反性(对称性或传递性),如果 R 不具备这样的性质,我们需要在 R 中添加一部分序偶,构造出新的关系 R',使之具备自反性(对称性或传递性),同时添加的序偶要尽可能少.

定义 2.4-1 设 R 是集合 A 上的关系,R 的**自反(对称或传递)闭包**是 A 上的关系 R',且满足以下条件:

(1) R' 是自反(对称或传递)的;

(2) $R \subseteq R'$;

(3) 对 A 上任何包含 R 的自反(对称或传递)关系 R'' 有 $R' \subseteq R''$.

一般将 R 的**自反闭包记作** $r(R)$,**对称闭包记作** $s(R)$,**传递闭包记作** $t(R)$.

定理 2.4-1 设 R 是集合 A 上的关系,则有:

(1) $r(R) = R \cup R^0$;

(2) $s(R) = R \cup R^{-1}$;

(3) $t(R) = R \cup R^2 \cup R^3 \cup \cdots \cup R^{|A|}$.

证明:(1) 证明自反闭包满足如下 3 个条件:

① $I_A \subseteq R \cup I_A = r(R)$,因此 $r(R)$ 是自反的;

② $R \subseteq R \cup I_A = r(R)$,因此 $R \subseteq r(R)$;

③ 设 R'' 是 A 上的自反关系,且 $R \subseteq R''$,因为 R'' 是自反的,所以 $I_A \subseteq R''$,
$$r(R) = R \cup I_A \subseteq R''.$$

(2) 证明对称闭包满足如下 3 个条件:

① $(s(R))^{-1} = (R \cup R^{-1})^{-1} = R^{-1} \cup (R^{-1})^{-1} = R^{-1} \cup R = R \cup R^{-1} = s(R)$,因此 $s(R)$ 是对称的;

② $R \subseteq R \cup R^{-1} = s(R)$;

③ 设 R'' 是 A 上的任意对称关系,且 $R \subseteq R''$,
又 $<x,y> \in R^{-1} \Rightarrow <y,x> \in R \Rightarrow <y,x> \in R''$,从而有 $s(R) = R \cup R^{-1} \subseteq R''$.

(3) 先证明 $R \cup R^2 \cup R^3 \cup \cdots \subseteq t(R)$,用数学归纳法分析.

对于任意自然数 i,当 $i=1$ 时,由传递闭包的定义,$R^1 = R \subseteq t(R)$;假设当 $i=n$

时,$R^n \subseteq t(R)$.

对于任意的 $<x,y> \in R^{(n+1)}$,存在 $c \in A$,使得 $<x,c> \in R^n$,且 $<c,y> \in R$,即存在 $c \in A$,使得 $<x,c> \in t(R)$,且 $<c,y> \in t(R)$,则 $<x,y> \in t(R)$,即 $R^{n+1} \subseteq t(R)$,因此,$R \cup R^2 \cup R^3 \cup \cdots \subseteq t(R)$.

再证明 $t(R) \subseteq R \cup R^2 \cup R^3 \cup \cdots$

显然有 $R \subseteq R \cup R^2 \cup R^3 \cup \cdots$ 成立,下面证明 $R \cup R^2 \cup R^3 \cup \cdots$ 是传递的.

设 $<x,y> \in R \cup R^2 \cup R^3 \cup \cdots \subseteq t(R)$,且 $<y,z> \in R \cup R^2 \cup R^3 \cup \cdots$ 则存在 $t,s \in A$,使得 $<x,y> \in R^t$,且 $<y,z> \in R^s$,因此,

$$<x,z> \in R^t \circ R^s = R^{t+s} \subseteq R \cup R^2 \cup R^3 \cup \cdots$$

即 $R \cup R^2 \cup R^3 \cup \cdots$ 是传递的.

综上所述,$R \cup R^2 \cup R^3 \cup \cdots$ 是包含 R 的传递关系,而 R 的传递闭包是包含 R 的最小传递关系,因此 $t(R) \subseteq R \cup R^2 \cup R^3 \cup \cdots$,即 $t(R) = R \cup R^2 \cup R^3 \cup \cdots$ 成立.

根据这个定理,我们可以通过 R 的关系矩阵 M,求 $r(R),s(R),t(R)$ 的关系矩阵 M_r,M_s,M_t,即:

$$M_r = M \vee E,$$
$$M_s = M \vee M^T,$$
$$M_t = M \vee M^2 \vee M^3 \vee \cdots \vee M^{|A|},$$

其中,E 是和 M 同阶的单位矩阵;M^T 是 M 的转置矩阵.

例 2.4-1　设 $A = \{a,b,c,d\}$,$R = \{<a,b>,<b,a>,<b,c>,<c,d>,<d,b>\}$,求 $r(R),s(R),t(R)$.

解　$r(R) = R \cup I_A$
$$= \{<a,b>,<b,a>,<b,c>,<c,d>,<d,b>\}$$
$$\cup \{<a,a>,<b,b>,<c,c>,<d,d>\}$$
$$= \{<a,b>,<b,a>,<b,c>,<c,d>,<d,b>,<a,a>,<b,b>,$$
$$<c,c>,<d,d>\}$$

$s(R) = R \cup R^{-1}$
$$= \{<a,b>,<b,a>,<b,c>,<c,d>,<d,b>\}$$
$$\cup \{<b,a>,<a,b>,<c,b>,<d,c>,<b,d>\}$$
$$= \{<a,b>,<b,a>,<b,c>,<c,d>,<d,b>,<b,d>,<c,b>,$$
$$<d,c>\}$$

$t(R) = R \cup R^2 \cup R^3 \cup R^4$

其中　$R^2 = \{<a,a>,<a,c>,<b,b>,<b,d>,<c,b>,<d,a>,<d,c>\}$
　　　　$R^3 = \{<a,b>,<a,d>,<b,a>,<b,b>,<b,c>,<c,a>,<c,c>,$
　　　　　　$<d,b>,<d,d>\}$
　　　　$R^4 = \{<a,b>,<a,b>,<a,c>,<b,a>,<b,b>,<b,c>,<b,d>,$
　　　　　　$<c,b>,<c,d>,<d,a>,<d,b>,<d,c>\}$

所以最后

$$t(R) = R \cup R^2 \cup R^3 \cup R^4$$
$$= \{<a,a>,<a,b>,<a,c>,<a,d>,<b,a>,<b,b>,<b,c>,<b,d>,$$
$$<c,a>,<c,b>,<c,c>,<c,d>,<d,a>,<d,b>,<d,c>,<d,d>\}$$

2.5 等 价 关 系

等价关系和偏序关系是两类重要的二元关系,本节首先介绍等价关系.在日常生活和数学领域,经常碰到等价的概念.

2.5.1 等价关系的定义

定义 2.5-1 设 R 为非空集合 A 上的关系.如果 R 是自反的、对称的和传递的,则称 R 为 A 上的**等价关系**.设 R 是一个等价关系,若 $<x,y>\in R$,称 x 等价于 y,记作 $x \sim y$.

例如三角形的全等关系、相似关系是等价关系,集合 A 上的恒等关系、全域关系是等价关系.

证明关系是等价的,要从自反性、对称性、传递性三个方面来证明.

例 2.5-1 关系 R 是定义在整数集 $\mathbf{Z}$ 上的关系,即

$$R = \{(x,y) \mid x,y \in \mathbf{Z}, \text{且 } x-y \text{ 为整数}\}, \text{证明 } R \text{ 是等价关系}.$$

证明 自反性:对于任意 $x \in \mathbf{Z}$,有 $x-x=0$ 为整数,即 $<x,x>\in \mathbf{R}$,因此 R 满足自反性.

对称性:对于任意 $x,y \in \mathbf{Z}$,且 $(x,y)\in \mathbf{R}$,设 $x-y=k$ 是整数.则 $y-x=-(x-y)=-k$ 也是整数,即 $<y,x>\in \mathbf{R}$,因此 R 满足对称性.

传递性:对于任意 $x,y,z \in \mathbf{Z}$,且 $<x,y>\in \mathbf{R}$,$<y,z>\in \mathbf{R}$.

设 $x-y=m$,$y-z=n$ 都是整数,则 $x-z=x-y+y-z=(x-y)+(y-z)=m+n$ 也是整数,即 $<x,z>\in \mathbf{R}$,因此 R 满足传递性.

综上所述,R 是等价关系.

例 2.5-2 集合 $A=\{1,2,\cdots,8\}$,定义 A 上的关系 $R=\{<x,y> \mid x,y \in \mathbf{Z} \text{ 且 } x \equiv y(\bmod 3)\}$,其中,$x \equiv y(\bmod 3)$ 叫作 x 与 y 模 3 相等,即 x 除以 3 的余数与 y 除以 3 的余数相等,也就是 $(x-y)/3 \in \mathbf{Z}$.

证明 R 是等价关系.

证明 可以列出 R 的所有元素,即

$$R = \{<1,4>,<4,1>,<1,7>,<7,1>,<4,7>,<7,4>,<2,5>,$$
$$<5,2>,<2,8>,<8,2>,<5,8>,<8,5>,<3,6>,<6,3>\} \cup I_A.$$

因为 $I_A \subseteq R$,R 满足自反性.

对于任意 $x,y \in R$,若 $x \equiv y(\bmod 3)$,则有 $y \equiv x(\bmod 3)$,所以 R 满足对称性.

对于任意 $x,y,z \in R$，若 $x \equiv y(\mathrm{mod}3)$ 且 $y \equiv z(\mathrm{mod}3)$，则有 $x \equiv z(\mathrm{mod}3)$，所以 R 满足传递性.

因此 R 是等价关系.

也可以通过关系矩阵来证明，R 的关系矩阵为：

$$\boldsymbol{M} = \begin{pmatrix} 1 & 0 & 0 & 1 & 0 & 0 & 1 & 0 \\ 0 & 1 & 0 & 0 & 1 & 0 & 0 & 1 \\ 0 & 0 & 1 & 0 & 0 & 1 & 0 & 0 \\ 1 & 0 & 0 & 1 & 0 & 0 & 1 & 0 \\ 0 & 1 & 0 & 0 & 1 & 0 & 0 & 1 \\ 0 & 0 & 1 & 0 & 0 & 1 & 0 & 0 \\ 1 & 0 & 0 & 1 & 0 & 0 & 1 & 0 \\ 0 & 1 & 0 & 0 & 1 & 0 & 0 & 1 \end{pmatrix},$$

可以看出，矩阵的主对角线的元素全是 1，即 R 满足自反性.

矩阵关于主对角线对称，即 R 满足对称性.

求出 R^2 的关系矩阵为：

$$\boldsymbol{M}^2 = \boldsymbol{M} \cdot \boldsymbol{M} = \begin{pmatrix} 1 & 0 & 0 & 1 & 0 & 0 & 1 & 0 \\ 0 & 1 & 0 & 0 & 1 & 0 & 0 & 1 \\ 0 & 0 & 1 & 0 & 0 & 1 & 0 & 0 \\ 1 & 0 & 0 & 1 & 0 & 0 & 1 & 0 \\ 0 & 1 & 0 & 0 & 1 & 0 & 0 & 1 \\ 0 & 0 & 1 & 0 & 0 & 1 & 0 & 0 \\ 1 & 0 & 0 & 1 & 0 & 0 & 1 & 0 \\ 0 & 1 & 0 & 0 & 1 & 0 & 0 & 1 \end{pmatrix}.$$

注意做矩阵乘法时，应当采用布尔乘，最后可以得出：

$$\boldsymbol{M}^2 = \boldsymbol{M}^3 = \cdots = \boldsymbol{M}^n = \boldsymbol{M}$$

即 $R \circ R \subseteq R$，R 满足传递性.

因此 R 是等价关系.

关系 R 的关系如图 2.5-1 所示，它被分成三个互不联通的部分，每部分中的数两两都有关系，不同部分的数则没有关系，每一部分构成一个等价类.

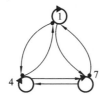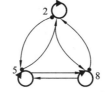

图 2.5-1

定义 2.5-2 R 为非空集合 A 上的等价关系,对于任意 $x\in A$,称集合 $[x]_R=\{y\mid y\in A$ 且 $<x,y>\in R\}$ 为 x 关于 R 的等价类.

例 2.5-2 中 R 的等价类是:
$$[1]_R=[4]_R=[7]_R=\{1,4,7\},$$
$$[2]_R=[5]_R=[8]_R=\{2,5,8\},$$
$$[3]_R=[6]_R=\{3,6\}.$$

不难看出,$[x]_R$ 就是与 x 等价的所有 A 中元素的集合.

定理 2.5-1 设 R 为非空集合 A 上的等价关系,则有:

(1) 对于任意 $a\in A$,$[a]_R$ 是 A 的非空子集;

(2) 对于任意 $a,b\in A$,如果 $<a,b>\in R$,则 $[a]_R=[b]_R$;

(3) 对于任意 $a,b\in A$,如果 $<a,b>\notin R$,则 $[a]_R\cap[b]_R=\varnothing$;

(4) 所有等价类的并集就是 A.

例 2.5-2 中 R 的等价类有三个:$\{1,4,7\},\{2,5,8\},\{3,6\}$,它们的并集就是 A.

定义 2.5-3 设 R 为非空集合 A 上的等价关系,以 R 的所有等价类作为元素的集合称作 **A 关于 R 的商集**,记作 A/R,即 $A/R=\{[x]_R\mid x\in A\}$.

A/R 的基数(即不同类的个数)称为 R 的**秩**.

例 2.5-2 中的商集为 $A/R=\{\{1,4,7\},\{2,5,8\},\{3,6\}\}$,关系 R 的秩为 3.

2.5.2 等价关系的划分

物以类聚,人以群分,我们常常对集合进行划分,比如一个班的学生,根据性别可以划分为男生和女生,根据兴趣爱好可以划分为若干的兴趣小组.

定义 2.5-4 设 A 是非空集合,π 是由 A 的子集 $A_i,A_2,\cdots,A_n$ 构成的集合,即 $\pi\subseteq P(A)$,满足:

(1) $\varnothing\notin\pi$;

(2) $A_i\cap A_j=\varnothing(i\neq j)$;

(3) $A_i\cup A_2\cup\cdots\cup A_n=A$;

则称 π 为 A 的一个**划分**,而 $A_1,A_2,\cdots,A_n$ 为 A 的**划分块**.

例 2.5-3 设集合 $A=\{a,b,c,d\}$,则有:

$\pi_1=\{\{a,b,c\},\{d\}\}$,是 A 的划分;

$\pi_2=\{\{a,b\},\{c\},\{d\}\}$,是 A 的划分;

$\pi_3=\{\{a\},\{a,b,c,d\}\}$,不是 A 的划分,因为两个元素的交集 $\neq\varnothing$;

$\pi_4=\{\{a,b\},\{c\}\}$,不是 A 的划分,因为两个元素的并集 $\neq A$;

$\pi_5=\{\varnothing,\{a,b\},\{c,d\}\}$,不是 A 的划分,因为含有空集;

$\pi_6=\{\{a,\{a\}\},\{b,c,d\}\}$,不是 A 的划分,因为 $\{a,\{a\}\}$ 不是 A 的子集.

把商集 A/R 和划分的定义相比较,可见商集就是 A 的一个划分,并且不同的商

集将对应于不同的划分.反之,给 A 的一个划分 π,如下定义 A 上的关系 R:
$$R=\{<x,y>|x,y\in A \text{ 且 } x \text{ 和 } y \text{ 在 } \pi \text{ 的同一划分块中}\},$$
则不难证明 R 为 A 上的等价关系,且该等价关系的商集就是 π.

因此集合 A 上的等价关系与 A 的划分是一一对应的.

例 2.5-4　设集合 $A=\{1,2,3\}$,求出 A 上所有的等价关系.

解　做出 A 的所有划分如图 2.5-2 所示,即可找出它们所对应的等价关系为:

$R_1=\{<1,2>,<2,1>,<1,3>,<3,1>,<2,3>,<3,2>\}\bigcup I_A$;

$R_2=\{<2,3>,<3,2>\}\bigcup I_A$;

$R_3=\{<1,3>,<3,1>\}\bigcup I_A$;

$R_4=\{<1,2>,<2,1>\}\bigcup I_A$;

$R_5=I_A$.

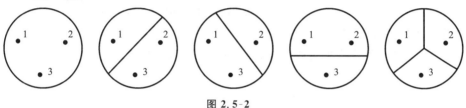

图 2.5-2

定义 2.5-5　设 $\pi_1=\{A_1,A_2,\cdots,A_n\}$ 和 $\pi_2=\{B_1,B_2,\cdots,B_m\}$ 是集合 S 的两种划分:

(1) 对于任意 A_i,存在 j,使得 $A_i\subseteq B_j$,称划分 π_1 是划分 π_2 的一个细分;

(2) 如果 π_1 是 π_2 的细分,且存在 $A_i\in\pi_1$,$B_j\in\pi_2$,使得 $A_i\subsetneqq B_j$,则称 π_1 是 π_2 的真细分.

例 2.5-5　设集合 $A=\{1,2,3,4\}$.
$$\pi_1=\{\{1\},\{2\},\{3\},\{4\}\},\quad \pi_2=\{\{1\},\{2,3,4\}\}$$
则 π_1 是 π_2 的细分,也是真细分,如图 2.5-3 所示.

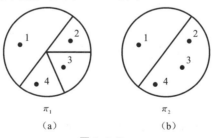

π_1　　　　　π_2

(a)　　　　　(b)

图 2.5-3

例如,在我们 IT 行业里,码农集合可以划分为研发和外包两类,其中外包又可以细分为对日本和对欧美的外包.其中,对欧美外包,大部分让印度人做了,国内有少量,但大多数是做对日本外包.国内研发的企业主要有华为、腾讯、百度等,它们都有自己的核心技术.

2.6 偏序关系

在日常生活和在计算机学科中,经常碰到次序的问题,比如程序设计当中的排序,学生成绩排名等.偏序关系是另一种重要的特殊关系,为系统地反映次序问题.

2.6.1 偏序的定义及表示

定义 2.6-1 设 R 为非空集合 A 上的关系,如果 R 是自反的、反对称的和传递的,则称 R 为 A 上的**偏序关系**,记作 $\leqslant$. 如果 $<x,y>\in\leqslant$,记作 $x\leqslant y$,读作"x 小于或等于 y".

注意:这里的小于或等于不是数的大小,而是在偏序关系中的顺序. 相当于程序设计当中的排序,即排在前面,注意在排序算法中,可以任意指定比较的方式.

例如,非空集合 A 上的恒等关系、小于或等于关系、整除关系和包含关系都是偏序关系.

又例如,$A=\{1,2,3,4\}$,R 是 A 上的小于或等于关系,即 $R=\{<a,b>|a,b\in A$ 且 $a\leqslant b\}$,则 $R=\{<1,2>,<1,3>,<1,4>,<2,3>,<2,4>,<3,4>\}\bigcup I_A$ 为偏序关系.

2.6.2 偏序关系的哈斯图

利用偏序关系的性质可以简化一个偏序关系的关系图,得到**哈斯图**.

首先定义偏序集中结点的覆盖关系.

定义 2.6-2 设 $<A,\leqslant>$ 为偏序集,对于任意的 $a,b\in A$,如果 $a<b$,且不存在 $t\in A$,使得 $a<t<b$,则称 b 覆盖 a.

例如 $\{1,2,4,6\}$ 集合上的整除关系,有 2 覆盖 1,4 覆盖 2,因为有 $1<2<4$.6 不能覆盖 4,因为没有整除关系.

绘制偏序集 $<A,\leqslant>$ 的哈斯图,按以下步骤实现:

(1) 去掉每个节点的环;

(2) 有序对的第一元素放在下方,第二元素放在上方;

(3) 对于 A 中的有序对的两个不同元素 x 和 y,如果 y 覆盖 x,就在图中连接 x 和 y,并去掉连线的箭头;

(4) 去掉传递边.

例 2.6-1 集合 $A=\{1,2,3,4,5,6,7,8,9\}$,画出偏序集 $<A,R_{整除}>$,即整除关系的哈斯图.

解 如图 2.6-1 所示.

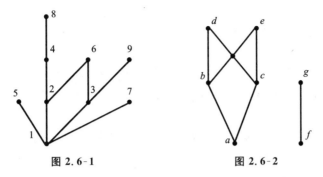

图 2.6-1　　　　　　　　　　图 2.6-2

例 2.6-2　已知偏序集 $<A,R>$ 的哈斯图如图 2.6-2 所示,求集合 A 和关系 R.

解　$A=\{a,b,c,d,e,f,g\}$,

$R=\{<a,b>,<a,c>,<b,d>,<b,e>,<c,d>,<c,e>,$

$<a,e>,<a,d>,<f,g>\}\bigcup I_A.$

2.6.3　偏序关系的特殊元素

定义 2.6-3　设 $<A,\leqslant>$ 为偏序集,$B\subseteq A,y\in B$.

(1) 对于任意 $x\in B$,都有 $x\leqslant y$,则称 y 为 B 的**最大元**.

(2) 对于任意 $x\in B$,都有 $y\leqslant x$,则称 y 为 B 的**最小元**.

(3) 对于任意 $x\in B$,若 $y\leqslant x$,必有 $y=x$,则称 y 为 B 的**极大元**.

(4) 对于任意 $x\in B$,若 $x\leqslant y$,必有 $x=y$,则称 y 为 B 的**极小元**.

如图 2.6-2 所示,d、e、g 都是极大元,没有最大元;a、f 都是极小元,没有最小元.

例如,例 2.6-1 中的极小元是 1,最小元是 1,极大元为 5,6,7,8,9,没有最大元.

注意最大元和极大元(最小元和极小元)的区别,最大是指比同一集合中的其他元素都大的元素,如图 2.6-3 所示的 h 点为最大元.

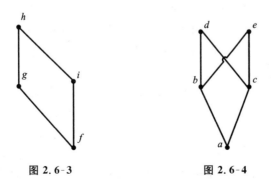

图 2.6-3　　　　　　　　　　图 2.6-4

极大是指没有比它更大,如图 2.6-4 所示的 d 和 e 点,它们都是极大,但却不是最大.

2.6.4 全序和良序

定义 2.6-4 设 R 为非空集合 A 上的偏序关系,如果对于任意 $x,y \in A$,都有 $x \leqslant y$ 或 $y \leqslant x$,则称 R 为 A 上的全序关系,且 $(A, \leqslant)$ 构成**全序集**.全序集的哈斯图是一条直线.

整数集 **Z** 上的小于或等于 $(\leqslant)$ 关系,则 $<$**Z**$, \leqslant>$ 构成全序集.

定义 2.6-5 偏序集 $<A, \leqslant>$,对于任意 A 的非空子集,都有在其序下有最小元,则称 $(A, \leqslant)$ 为**良序集**.

自然数集 **N** 上的小于或等于 $(\leqslant)$ 关系,则 $<$**N**$, \leqslant>$ 是良序集合.

定理 2.6-1 每个良序集一定是全序集.

证明 设 $<A, \leqslant>$ 是良序集,则对于任意 $a, b \in A$ 构成的一定存在最小元,该最小元不是 a 就是 b,因此一定满足 $a \leqslant b$ 或 $b \leqslant a$,所以 $<A, \leqslant>$ 是全序集.

然而全序集不一定是良序集,例如实数集中的大于关系.

2.7 关系的应用

关系是一种特殊的集合,它反映了研究对象之间的联系与性质,例如在关系数据库模型中,每个数据库都是一个关系,在计算机程序中的输入和输出就构成一个二元关系.等价关系和偏序关系广泛存在于实际应用中,例如利用偏序的知识可以解决调度中的最优调度问题,在软件工程的软件测试方法中有一种等价类划分的方法,即将所有待测试的数据构成的集合划分为符合软件需求规格和设计规定的有效等价类和不符合的无效等价类,因为每个等价类中只需要取一个数据代表其所在等价类的其他数据进行测试,所以大大提高了软件测试的效率.下面举例说明等价类的概念.

软件测试的类型可以分为白盒测试和黑盒测试.黑盒测试主要针对的是软件功能的正确性和完整性.黑盒测试的理念,是将程序内部的逻辑结构看成一个黑盒子,单纯依据给定的软件需求规格说明中约定的功能要求,设计测试输入数据,观察测试输出结果,通过结果的正确性来验证软件的正确性.黑盒测试的方法比较多,其中较为典型的是等价类划分法.

等价类划分法是依据程序的实际情况,把测试输入划分成具有代表性的几种分类,类与类之间彼此不相交,然后从每个分类中选取部分数据作为测试用例的输入.这其中选取的输入数据在测试中的作用等价于该类中的其他数据,因此对每一个特定的类来说,不需要将该类中所有的输入都作为测试输入,仅选取本类中具有代表性的输入即可覆盖某一方面的验证,这样就大大减少了测试用例的数量,提高了测试效率.

进行等价类划分时须将对应输入分为有效等价类和无效等价类.有效等价类是

指符合程序需求规格说明描述,合理可行且有意义的输入数据所构成的集合.通过有效等价类的输入,可以测试程序是否实现了需求规格说明中所要求实现的功能项.无效等价类是有效等价类的补集,与有效等价类正好相反,通过无效等价类的输入,可以测试程序的功能实现是否会出现意外情况.两种等价类必须同时考虑,以确保软件的可靠性.

如果输入条件规定了取值范围或值的个数,则可以确定一个有效等价类和两个无效等价类,例如:

输入条件为项数从 1 到 999.

有效等价类为1≤项数≤999.

无效等价类为项数<1 及项数>999.

输入的个数为学生允许选课 2 门至 4 门.

有效等价类为选课 2 门至 4 门.

无效等价类为只选 1 门课或未选课或选课超过 4 门.

如果输入条件规定了输入值的集合,或者规定了"必须如何"的条件,则可确定一个有效等价类和一个无效等价类,例如:

输入条件为标识符以字母开头.

有效等价类为以字母开头的字符串.

无效等价类为以非字母开头的字符串.

确定等价类测试用例的步骤如下.

(1) 为每个等价类规定一个唯一的编号.

(2) 设计一个新的测试用例,使其尽可能多地覆盖尚未被覆盖的有效等价类,重复这一步,直到所有的有效等价类都被覆盖为止.

(3) 设计一个新的测试用例,使其仅覆盖一个尚未被覆盖的无效等价类,重复这一步,直到所有的无效等价类都被覆盖为止.

集合元素间的偏序关系与元素间的等价关系一样也是一种重要的关系。等价关系可以将集合中的元素进行划分,而根据偏序关系,则可以将集合中的元素进行排序。只有有了一定的序关系,才能对数据库中的"信息"与"数据"进行存储、加工和传输。序关系对于情报检索、数据处理、信息传输、程序运行等都是极为重要的。如计算机程序执行时,往往是"串行"的,这就涉及了程序执行的先后问题,即使是宏观"并行"处理,也不可避免地存在瞬间的先后问题。另外,面向对象编程中的类继承关系,结构化程序设计中的函数或子程序调用关系都是序关系的应用实例。

本 章 总 结

本章介绍了关系的概念、关系的运算、关系的性质、关系的闭包、等价关系和偏序关系,最后介绍了等价类在高级语言的编译和软件测试上的应用.

(1) 序偶和笛卡儿积是两个很难理解的概念,也是本章的基础.

从集合 A 到 B 的二元关系是 $A\times B$ 的子集;从 A 到自身的二元关系是 $A\times A$ 的子集.

关系也是一种特殊的集合,因此可以用集合表示的方法来表示关系,比如列举法、描述法.此外,由于关系的特殊性,可以用关系矩阵和关系图来表示.

(2) 关系的运算除了常规的集合运算之外,还有逆运算,即 R^{-1};复合运算,即 $S\circ R,R$ 与 S 的合成;幂运算,即 R^n,R 的 n 次幂.关系的运算,除了简单的直接观察之外,也可以用关系矩阵来完成.

(3) 关系的性质有 5 种:自反性、反自反性、对称性、反对称性和传递性.判断关系的性质通常根据定义来进行,也可以用本章给出的定理来判断,还可以利用关系矩阵或关系图来判断.

(4) 关系的自反(对称或传递)闭包是指给关系 R 添加最少的序偶元素,使之具备自反(对称或传递)的性质.求关系的自反(对称或传递)闭包的方法参照本章给出的定理,也可以利用关系矩阵来运算.

(5) 如果关系 R 是自反的、对称的和传递的,则称 R 为 A 上的等价关系.证明等价关系要从自反、对称、传递这三个方面入手.根据等价关系,可以对集合进行划分.

(6) 如果关系 R 是自反的、反对称的和传递的,则称 R 为 A 上的偏序关系.证明偏序关系要从自反、反对称、传递这三个方面入手.偏序关系可以用哈斯图来表示.偏序关系的特殊元素有极大元、极小元、最大元和最小元.

本章需要重点掌握的内容如下:
(1) 掌握二元关系的概念;
(2) 掌握二元关系的性质及其判断方法;
(3) 掌握等价关系、偏序关系的概念及其判断方法;
(4) 掌握等价关系与划分,会求等价类、商集;
(5) 掌握哈斯图的画法,会利用哈斯图求偏序集中的特殊元素.

习　题

1. 设 $A=\{x\,|\,x\in\mathbf{N}$ 且 $x<5\},B=\{x\,|\,x\in\mathbf{E}^+$ 且 $x<7\}$,其中 $\mathbf{N}$ 为自然数集,$\mathbf{E}^+$ 为正偶数集,求 $A\times B$.

2. 设 $A=\{1,2,3\}$,则 A 上有多少个二元关系?

3. 设 $A=\{1,2,3,4\}$,A 上二元关系 $R=\{<1,2>,<2,1>,<2,3>,<3,4>\}$,画出 R 的关系图.

4. 设 $A=\{2,3,4,5,6\}$ 上的二元关系 $R=\{<x,y>\,|\,x<y$ 或 x 是质数$\}$,用列举法表示 R,并写出 R 的关系矩阵.

5. 设 $A=\{2,3,4,5,6\}$ 上的二元关系 $T=\{<x,y>|x/y$ 是质数$\}$,用列举法表示 T,并画出 T 的关系图.

6. 设 $A=\{<1,2>,<2,4>,<3,3>\}$,$B=\{<1,3>,<2,4>,<4,2>\}$,求 $A\cup B,A\cap B,A^{-1},B^{-1}$.

7. 设 $A=\{<1,2>,<2,4>,<3,3>\}$,$B=\{<1,3>,<2,4>,<4,2>\}$,求 $A\circ B$ 和 $B\circ A$,并说明关系的复合运算是否满足交换律?

8. 设 $A=\{a,b,c,d\}$,A 上二元关系 $R_1=\{<a,a>,<a,b>,<b,d>\}$,$R_2=\{<a,d>,<b,c>,<b,d>,<c,b>\}$,求 $R_1\circ R_2$ 和 $R_2\circ R_1$.

9. 设 $A=\{1,2,3,4\}$,R 为 A 上的关系,关系 $R=\{<2,1>,<3,2>,<4,3>,<3,4>\}$,求 R^2,R^3.

10. 设 P 是人的集合,关系 $R=\{<a,b>|a,b\in P$ 且 a 是 b 的父$\}$,$S=\{<a,b>|a,b\in P$ 且 a 是 b 的兄$\}$,说明 $S\circ R$ 和 $R\circ S$ 分别是什么关系.

11. 某人有三个儿子,组成集合 $A=\{S_1,S_2,S_3\}$,在 A 上的兄弟关系具有什么性质?

12. 设 $A=\{1,2,3\}$ 上的关系 R 和 T 的关系如图题 12 所示,则 R 和 T 具有哪些性质?

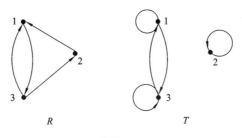

图题 12

13. 设 $A=\{1,2,3\}$,求 A 上既不是对称的又不是反对称的关系 R,以及 A 上既是对称的又是反对称的关系 T.

14. 设 $A=\{1,2,4,6\}$ 上的关系 $R=\{<x,y>|x,y\in A$ 且 $x+y\neq2\}$,则 R 具有哪些性质?

15. 设 R 是集合 A 上的一个自反关系,证明 R 是对称和传递的,当且仅当 $<a,b>$ 和 $<a,c>$ 在 R 中有 $<b,c>$ 在 R 中.

16. 设集合 $A=\{a,b,c,d\}$ 上的关系 $R=\{<a,a>,<a,b>,<c,c>,<b,c>,<c,d>\}$,求 R 的自反闭包和对称闭包.

17. 设 R_1,R_2 是集合 A 上的两个二元关系,且 $R_1\subseteq R_2$,证明 $r(R_1)\subseteq r(R_2)$.

18. 求图题 18 所示关系的自反闭包和对称闭包,并画出有向图.

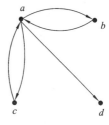

图题 18

19. 设集合 $A=\{a,b,c,d\}$ 上的关系 $R=\{<a,b>,<b,a>,<b,c>,<c,d>\}$，用矩阵运算求出 R 的传递闭包.

20. 设集合 $A=\{1,2,3,4,5\}$ 上的关系 $R=\{<1,1>,<1,2>,<2,4>,<3,5>,<4,2>\}$，求 R 的传递闭包 $t(R)$.

21. 复数集合 $C=\{a+bi\mid i^2=-1$ 且 a,b 为任意实数且 $a\neq0\}$，在 C 上定义关系 $R=\{<a+bi,c+di>\mid ac>0\}$，证明 R 是一个等价关系.

22. 设 $A=\{a,b,c,d\}$，A 上的二元关系为：
$R_1=\{<a,a>,<a,b>,<b,a>,<b,b>,<c,c>,<c,d>,<d,c>,<d,d>\}$；
$$R_2=\{<a,b>,<b,a><a,c>,<c,a>,<b,c>,$$
$$<c,b>,<a,a>,<b,b>,<c,c>\},$$
判断他们是否为等价关系.

23. 设 R 是 A 上一个二元关系为：
$S=\{<a,b>\mid a,b\in A$ 且对于某个 $c\in A$，有 $<a,c>\in R$ 且 $<c,b>\in R\}$.
证明：若 R 是 A 上一个等价关系，则 S 也是 A 上的一个等价关系.

24. 设 $A=\{1,2,3,4\}$，$S=\{\{1,2,3\},\{4\}\}$ 为 A 的一个划分，求由 S 导出的等价关系 R 及其商集.

25. 设 $\mathbf{Z}$ 为整数集，关系 $R=\{<a,b>\mid a,b\in\mathbf{Z}$ 且 $a\equiv b(\bmod k)\}$ 为 $\mathbf{Z}$ 上模 k 的等价关系，求 R 的商集 $\mathbf{Z}/R$，并指出 R 的秩.

26. 判断下列矩阵表示的关系是否为偏序关系?

(1) $\boldsymbol{M}_1=\begin{bmatrix}1&1&1\\1&1&0\\0&0&1\end{bmatrix}$; (2) $\boldsymbol{M}_2=\begin{bmatrix}1&1&1\\0&1&0\\0&0&1\end{bmatrix}$.

27. 设 $S=\{1,2,3,4,6,8,12,24\}$，$R_{\leqslant}$ 为 S 上整除关系.
(1) 证明 $R_{\leqslant}$ 为偏序关系.
(2) 画出偏序集 $<S,R_{\leqslant}>$ 的哈斯图.
(3) 求偏序集 $<S,R_{\leqslant}>$ 的极小元、最小元、极大元、最大元.

28. 设 $A=\{\varnothing,\{1\},\{1,3\},\{1,2,3\}\}$，画出 A 上包含关系的哈斯图.

29. 设 $A=\{a,b,c,d\}$，其上偏序关系 R 的哈斯图如图题 29 所示，求 R.

30. 设集合 $A=\{1,2,3,4,5\}$ 上偏序关系的哈斯图如图题 30 所示，指出子集 $B=\{2,3,4\}$ 的最大元、最小元、极大元、极小元.

31. 偏序集 $<A,R_{\leqslant}>$ 的哈斯图如图题 31 所示，求 $R_{\leqslant}$，并指出偏序集的最大元、最小元、极大元、极小元.

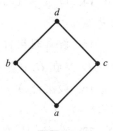

图题 29

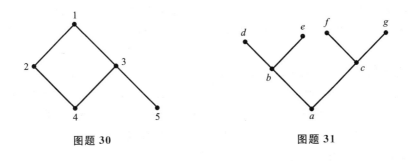

图题 30   图题 31

兴 趣 阅 读

离散数学课程在计算机与软件学科中的作用及其应用

离散数学是计算机与软件学科的专业基础课,不仅为后续课程提供必需的理论基础,而且可以培养学生的抽象思维能力和解决问题的能力.离散数学的教学内容与计算机硬件和软件都有着密切的关系,具有鲜明的基础特点.离散数学是数据结构、数据库原理、数字逻辑、人工智能、信息安全等课程的前续课程.计算机导论和程序设计基础是离散数学的先导课程.

离散数学是计算机应用中必不可少的工具.例如数理逻辑在数据模型、计算机语义、人工智能等方面的应用,集合论在数据库技术中的应用,代数系统在信息安全中的密码学方面的应用,图论在信息检索、网络布线、指令系统优化等方面的应用.下面介绍离散数学与其他课程的关系.

1. 离散数学与数据结构的关系

离散数学与数据结构的关系非常紧密,数据结构课程描述的对象有四种,分别是线形结构、集合、树形结构和图结构,这些对象都是离散数学研究的内容.线形结构中的线形表、栈、队列等都是根据数据元素之间关系的不同而建立的对象,离散数学中的关系这一章就是研究有关元素之间的不同关系,数据结构中的集合对象,以及集合的各种运算都是离散数学中集合论研究的内容,离散数学中的树和图论的内容为数据结构中的树形结构对象和图结构对象的研究提供了很好的知识基础.

2. 离散数学与数据库原理的关系

目前数据库原理主要研究的数据库类型是关系数据库.关系数据库中的关系演算和关系模型需要用到离散数学中的谓词逻辑的知识,关系数据库的逻辑结构是由行和列构成的二维表,表之间的连接操作需要用到离散数学中的笛卡儿积的知识,表数据的查询、插入、删除和修改等操作都需要用到离散数学中的关系代数理论和数理逻辑中的知识.

3. 离散数学与数字逻辑的关系

数字逻辑为计算机硬件中的电路设计提供了重要理论,而离散数学中的数理逻辑部分为数字逻辑提供了重要的数学基础.在离散数学中命题逻辑中的联结词运算可以解决电路设计中的由高低电平表示的各信号之间的运算,以及二进制数的位运算等问题.

4. 离散数学与人工智能的关系

离散数学中数学推理和布尔代数章节中的知识为早期的人工智能研究领域打下了良好的数学基础.谓词逻辑演算为人工智能学科提供了一种重要的知识表示方法和推理方法.另外,模糊逻辑的概念也可以用于人工智能.

5. 离散数学与信息安全的关系

信息安全应用方面与离散数学也关系密切,离散数学中的代数系统和初等数论为密码学提供了重要的数学基础,例如,恺撒密码的本质就是使用了代数系统中的群的知识,初等数论中的欧拉定理和费马小定理为著名的 RSA 公钥密码体系提供了最直接的数学基础.

6. 离散数学与其他课程的关系

离散数学相关知识点除了与以上课程关系密切外,与其他课程也有联系,如表 2.0-1 所示.

表 2.0-1

课程名	离散数学相关知识点	其他计算机与软件课程联系
离散数学	集合论、关系、图论、树	数据结构
	命题逻辑、谓词逻辑、关系	数据库原理
	命题逻辑、谓词逻辑	数字逻辑
	数理逻辑、布尔代数	人工智能
	群、初等数论	信息安全
	图论	计算机图形学
	图论、树	计算机网络
	命题逻辑、谓词逻辑、图论	软件工程
	代数系统、哈夫曼编码	计算机体系结构

总之,离散数学在计算机与软件领域的作用非常重要,计算机与软件科学中普遍采用离散数学中的一些基本概念、知识点和研究方法.离散数学课程不仅为其他课程提供必要的理论基础,在计算机与软件学科中有着广泛的应用,而且通过学习离散数学的思想和方法也提高了学生的逻辑思维能力和创造性思维能力,能更好地解决计算机与软件科学中遇到的实际问题.

第 3 章　函　　数

　　函数,又称映射、对应、变换、算子、函子,是现代数学中一个极其重要的概念,和前面学习的集合、关系两个概念紧密相连,共同构成离散数学中的集合论部分.在离散数学中,常常用集合或关系的概念定义函数,因此,函数也看作是一种特殊的二元关系,有关集合和关系的运算和性质,对于函数同样适用.

　　函数在近代科学中有着非常重要的意义,特别是在计算机科学中有着广泛的应用,如在各种高级程序设计语言中,普遍使用了大量的函数.事实上,计算机的任何输出都可以看成是某些输入的函数.

　　本章主要介绍函数的基本概念,包括函数的定义、函数与关系的区别与联系、函数的类型(单射、满射、双射),函数的复合运算、逆运算及其满足的基本性质,最后简单介绍了函数在计算机学科中的实际应用.

3.1　函数的定义与类型

3.1.1　函数的定义

　　定义 3.1-1　设 f 是集合 A 到 B 的关系,如果对于每个 $x \in A$,都存在唯一的 $y \in B$,使得 $<x,y> \in f$,则称关系 f 为 A 到 B 的**函数**(function),记作 $f:A \to B$. 其中,A 为函数 f 的**定义域**,记作 $\mathrm{dom} f = A$;$f(A)$ 为函数 f 的**值域**,记作 $\mathrm{ran} f$. 当 $<x,y> \in f$ 时,常记作 $y = f(x)$,称 x 为函数 f 的**自变量**(或原像),y 为 x 在 f 下的**函数值**(或像).

　　函数的概念可以通过图 3.1-1 表示.

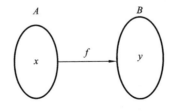

图 3.1-1　函数 $y = f(x)$

　　例 3.1-1　已知集合 $A = \{a,b,c,d\}$,$B = \{0,1,2,3\}$,试判断下列关系是否为函数.

(1) $f_1 = \{<a,0>, <b,1>, <c,2>, <d,3>\}$;

(2) $f_2 = \{<a,0>, <b,1>, <b,2>, <d,3>\}$;

(3) $f_3 = \{<a,0>, <b,1>, <c,1>, <d,3>\}$;

(4) $f_4 = \{<a,0>, <b,1>, <d,3>\}$.

解 根据函数的定义，对于集合 A 中的每一个元素，在 B 中有对应的值，且值唯一，这样的关系才称为函数，可得：

(1) 关系 f_1，f_3 是函数；

(2) 关系 f_2 中，元素 b 有两个不同的值 $1,2$，与函数值的唯一性矛盾，故 f_2 不是函数；

(3) 关系 f_4 中，元素 c 在集合 B 中没有对应的值，故 f_4 不是函数.

例 3.1-2 表 3.1-1 所示第一列和第二列给出从学号集合到姓名集合的函数，第一列和第三列给出从学号集合到性别集合的函数.

表 3.1-1 二维表

学 号	姓 名	性 别	年 龄
100001	张华	男	20
100002	王芳	女	21
100003	于涛	男	23
100004	李丽	女	22
...	...	...	...

定义 3.1-2 设 A,B 为集合，如果 f 为函数，且 $\mathrm{dom}f = A$，$\mathrm{ran}f \subseteq B$，则称 f 为从 A 到 B 的函数，记作 $f: A \to B$.

定义 3.1-3 所有从 A 到 B 的函数的集合记作 B^A，读作"B 上 A"，符号化表示为 $B^A = \{f \mid f: A \to B\}$.

推论 设 A,B 为集合，如果 $|A| = m$，$|B| = n$，则从 A 到 B 共有 n^m 种函数，即 $|B^A| = |B|^{|A|} = n^m$.

例 3.1-3 设集合 $A = \{a,b,c\}$，集合 $B = \{0,1\}$，试求 B^A.

解 由于 $|B^A| = |B|^{|A|} = 2^3 = 8$，故 $B^A = \{f_1, f_2, f_3, f_4, f_5, f_6, f_7, f_8\}$，其中：

$$f_1 = \{<a,0>, <b,0>, <c,0>\};$$
$$f_2 = \{<a,0>, <b,0>, <c,1>\};$$
$$f_3 = \{<a,0>, <b,1>, <c,0>\};$$
$$f_4 = \{<a,1>, <b,0>, <c,0>\};$$
$$f_5 = \{<a,0>, <b,1>, <c,1>\};$$
$$f_6 = \{<a,1>, <b,1>, <c,0>\};$$
$$f_7 = \{<a,1>, <b,0>, <c,1>\};$$
$$f_8 = \{<a,1>, <b,1>, <c,1>\}.$$

3.1.2 函数的类型

定义 3.1-4 设 f 是从集合 A 到集合 B 的函数 $f:A{\rightarrow}B$,如果当 $x_1{\neq}x_2$ 时,有 $f(x_1){\neq}f(x_2)$,则称函数 $f:A{\rightarrow}B$ 是**单射**(injection)的.

设 f 是从集合 A 到集合 B 的函数 $f:A{\rightarrow}B$,如果 $\mathrm{ran}f{=}B$,则称函数 $f:A{\rightarrow}B$ 是**满射**(surjection)的.

设 f 是从集合 A 到集合 B 的函数 $f:A{\rightarrow}B$,如果 $f:A{\rightarrow}B$ 既是单射的又是满射的,则称函数 $f:A{\rightarrow}B$ 是**双射**(bijection)的.

例 3.1-4 设集合 A,B,定义函数 $f:A{\rightarrow}B$,图 3.1-2 所示的是四种不同情形下的函数.

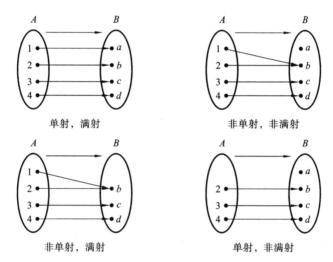

图 3.1-2

由定义可知,当集合 A,B 为有限集时,有:

(1) $f:A{\rightarrow}B$ 是单射的必要条件为 $|A|{\leqslant}|B|$;

(2) $f:A{\rightarrow}B$ 是满射的必要条件为 $|A|{\geqslant}|B|$;

(3) $f:A{\rightarrow}B$ 是双射的必要条件为 $|A|{=}|B|$.

例 3.1-5 判断下列函数的类型,是单射的? 满射的? 还是双射的?

(1) 设 $A{=}\{1,2,3\}$,$B{=}\{a,b,c,d\}$,$f:A{\rightarrow}B$ 定义为 $f{=}\{{<}1,a{>},{<}2,b{>},{<}3,d{>}\}$;

(2) 设 $A{=}\{a,b,c,d,e\}$,$B{=}\{1,2,3,4,5\}$,$f:A{\rightarrow}B$ 定义为 $f{=}\{{<}a,1{>},{<}b,3{>},{<}c,4{>},{<}d,5{>},{<}e,2{>}\}$;

(3) $f:\mathbf{R}{\rightarrow}\mathbf{R}$,$f(x){=}2x{+}1$;

(4) 设 $A{=}B{=}\mathbf{R}$(实数集),$f{=}\{{<}x,x^2{>}|x{\in}\mathbf{R}\}$.

解 (1) 由于集合 A 中不同的元素在 B 中对应不同的函数值,故函数 $f:A \to B$ 是单射的,又由于 $\mathrm{ran}f=\{a,b,d\} \subset B$,故 f 不是满射的,所以函数 f 只是单射函数.

(2) 由于集合 A 中不同的元素在 B 中对应不同的函数值,故函数 $f:A \to B$ 是单射的,又由于 $\mathrm{ran}f=\{1,2,3,4,5\}=B$,故 f 又是满射的,所以函数 f 是双射函数.

(3) 由于函数 $f(x)=2x+1$ 是单调函数,且 $\mathrm{ran}f=\mathbf{R}$,故函数 f 既是单射的又是满射的,所以函数 f 是双射函数.

(4) 由于集合 A 中每一个 $+x$ 和 $-x$ 都对应集合 B 中的同一个函数值 x^2,故函数 f 不是单射的,又由于 $\mathrm{ran}f=\{0,\text{正实数}\} \subset \mathbf{R}$,故函数 f 不是满射的,所以函数 f 仅是一般函数.

例 3.1-6 设集合 $A=\{P(1,2,3)\}$,$B=\{a,b\}^{\{1,2,3\}}$,试构造双射函数 $f:A \to B$.

解 由已知条件可得:

$$A=\{P(1,2,3)\}=\{\varnothing,\{1\},\{2\},\{3\},\{1,2\},\{1,3\},\{2,3\},\{1,2,3\}\},$$
$$B=\{a,b\}^{\{1,2,3\}}=\{f_1,f_2,f_3,f_4,f_5,f_6,f_7,f_8\}.$$

其中:

$$f_1=\{<1,a>,<2,a>,<3,a>\};$$
$$f_2=\{<1,b>,<2,b>,<3,a>\};$$
$$f_3=\{<1,b>,<2,a>,<3,b>\};$$
$$f_4=\{<1,a>,<2,b>,<3,b>\};$$
$$f_5=\{<1,a>,<2,a>,<3,b>\};$$
$$f_6=\{<1,a>,<2,b>,<3,a>\};$$
$$f_7=\{<1,b>,<2,a>,<3,a>\};$$
$$f_8=\{<1,b>,<2,b>,<3,b>\}.$$

构造函数 $f:A \to B$,使得 $f(\varnothing)=f_1$,$f(\{1\})=f_2$,$f(\{2\})=f_3$,$f(\{3\})=f_4$,$f(\{1,2\})=f_5$,$f(\{1,3\})=f_6$,$f(\{2,3\})=f_7$,$f(\{1,2,3\})=f_8$,则函数 $f:A \to B$ 既是单射的,又是满射的,故构造的函数 $f:A \to B$ 是双射函数.

函数在计算机学科中的应用十分广泛,如常函数、恒等函数、特征函数、布尔函数等,都是计算机中经常用到的函数,下面给出它们的定义.

定义 3.1-5 设 A,B 是两个集合,若存在 $b \in B$,对于任意的 $x \in A$,都有 $f(x)=b$,则称函数 $f:A \to B$ 是**常函数**(constant function).

设 A,B 是两个集合,若 $A=B$,且对于任意的 $x \in A$,都有 $f(x)=x$,则称函数 $f:A \to A$ 是 A 上的**恒等函数**(identity function).

设 A,B 是两个集合,且 A 是全集 $E=\{e_1,e_2,\cdots,e_i\}$ 的一个子集,则子集 A 的**特征函数**是从全集 E 到集合 $\{0,1\}$ 上的一个函数 $f_A(e_i)$,且 $f_A(e_i)=\begin{cases} 1, & (e_i \in A); \\ 0, & (e_i \notin A). \end{cases}$

设 A,B 是两个集合,若 $f(x)$ 是集合 A 到集合 $B=\{0,1\}$ 的函数,则称函数 $f(x)$ 为**布尔函数**.

设 R 是定义在非空集合 A 上的等价关系,函数 $f:A\to A/R,f(x)=[x]_R$,其中,$[x]_R$ 是 x 关于 R 的等价类,则称 f 为从 A 到商集 A/R 的**自然映射**.

例如,函数 $f:R\to R,f(x)=x$ 是恒等函数;函数 $f:R\to R,f(x)=5$ 是常函数.

例 3.1-7　设 $A=\{1,2,3\}$,等价关系 $R=\{<1,1>,<2,2>,<3,3>,<1,2>,<2,1>\}$,写出从 A 到商集 A/R 的自然映射.

解　从 A 到商集 A/R 的自然映射 $f:A\to A/R,f(1)=f(2)=\{1,2\},f(3)=\{3\}$.

3.2　函数的运算

3.2.1　函数的复合运算

函数作为一种特殊的二元关系,同样也可以进行二元关系中的复合运算,而且可以证明函数进行复合运算之后得到的关系仍然是一个函数.

定义 3.2-1　设函数 $f:A\to B,g:B\to C$,则函数 f 与函数 g 的复合运算为:
$$f\circ g=\{<x,z>|(x\in A)\wedge(z\in C)\wedge(\exists y)(y\in B\wedge xRy\wedge ySz)\}$$
是从 A 到 C 的函数,记作 $h=f\circ g:A\to C$,称函数 h 为函数 f 与函数 g 的**复合函数** (composite function).

例 3.2-1　设集合 $A=\{1,2,3,4\}$,f 和 g 都是 $A\to A$ 上的函数,且 $f=\{<1,2>,<2,3>,<3,1>,<4,4>\},g=\{<1,2>,<2,1>,<3,3>,<4,1>\}$,试求复合函数 $f\circ g$、$g\circ f$ 和 $f\circ f$.

解　根据复合函数的定义可得:
$$g\circ f=\{<1,3>,<2,2>,<3,1>,<4,2>\};$$
$$f\circ g=\{<1,1>,<2,3>,<3,2>,<4,1>\};$$
$$f\circ f=\{<1,3>,<2,1>,<3,2>,<4,4>\}.$$

例 3.2-2　设函数 $f(x)=x-2,g(x)=(x+1)^2$ 都是定义在实数集 $\mathbf{R}$ 上的函数,求 $f\circ f$、$f\circ g$、$g\circ f$ 和 $g\circ g$.

解　根据复合函数的定义可得:
$$(f\circ f)(x)=f(f(x))=f(x-2)=(x-2)-2=x-4;$$
$$(f\circ g)(x)=f(g(x))=f((x+1)^2)=(x+1)^2-2=x^2+2x-1;$$
$$(g\circ f)(x)=g(f(x))=g(x-2)=((x-2)+1)^2=x^2-2x+1;$$
$$(g\circ g)(x)=g(g(x))=g((x+1)^2)=((x+1)^2+1)^2=(x^2+2x+2)^2.$$

函数的复合运算,满足如下定理.

定理 3.2-1　设函数 $f:A\to B,g:B\to C,h:C\to D$,则有 $(f\circ g)\circ h=f\circ(g\circ h)$,即函数的复合运算满足结合律.

定理 3.2-2 设函数 $f:A \rightarrow B, g:B \rightarrow C$,则有:

(1) 若 f, g 是单射的,则 $f \circ g$ 也是从 A 到 C 的单射函数;

(2) 若 f, g 是满射的,则 $f \circ g$ 也是从 A 到 C 的满射函数;

(3) 若 f, g 是双射的,则 $f \circ g$ 也是从 A 到 C 的双射函数.

证明略.

定理 3.2-3 设函数 $f:A \rightarrow B, g:B \rightarrow C$,则有:

(1) 若 $f \circ g$ 是 A 到 C 的单射函数,则 $f:A \rightarrow B$ 是单射的;

(2) 若 $f \circ g$ 是 A 到 C 的满射函数,则 $g:B \rightarrow C$ 是满射的;

(3) 若 $f \circ g$ 是 A 到 C 的双射函数,则 f 是从 A 到 B 的单射函数,g 是从 B 到 C 的满射函数.

例如,考虑集合 $A=\{a_1, a_2, a_3\}, B=\{b_1, b_2, b_3, b_4\}, C=\{c_1, c_2, c_3\}$. 令

$$f=\{<a_1, b_1>, <a_2, b_2>, <a_3, b_3>\};$$
$$g=\{<b_1, c_1>, <b_2, c_2>, <b_1, c_3>, <b_4, c_3>\}.$$

则有:

$$f \circ g=\{<a_1, c_1>, <a_2, c_2>, <a_3, c_3>\}.$$

不难看出 $f:A \rightarrow B$ 和 $f \circ g:A \rightarrow C$ 都是单射的,但 $g:B \rightarrow C$ 不是单射的.

再考虑集合 $A=\{a_1, a_2, a_3\}, B=\{b_1, b_2, b_3\}, C=\{c_1, c_2\}$. 令

$$f=\{<a_1, b_1>, <a_2, b_2>, <a_3, b_2>\};$$
$$g=\{<b_1, c_1>, <b_2, c_2>, <b_3, c_2>\}.$$

则有:

$$f \circ g=\{<a_1, c_1>, <a_2, c_2>, <a_3, c_2>\}.$$

不难看出 $g:B \rightarrow C$ 和 $f \circ g:A \rightarrow C$ 是满射的,但 $f:A \rightarrow B$ 不是满射的.

3.2.2 函数的逆运算

对于一般的二元关系 R,它的逆关系 R^{-1} 总是存在的. 但作为特殊二元关系的函数,它的逆关系并不一定是函数,即并不是所有的函数都有逆函数.

定义 3.2-2 若函数 $f:A \rightarrow B$ 是双射函数,则 f 的逆关系 f^{-1} 是从 B 到 A 的函数,记作 $f^{-1}:B \rightarrow A$,称 f^{-1} 为函数 f 的**逆函数**(inverse function).

推论 逆函数 f^{-1} 存在,当且仅当 f 是双射函数.

定理 3.2-4 若函数 $f:A \rightarrow B, g:B \rightarrow C$ 都是可逆的,则有:

(1) $(f^{-1})^{-1}=f$;

(2) $(g \circ f)^{-1}=f^{-1} \circ g^{-1}$.

证明 (1) 由条件可知,f 与 f^{-1} 都是双射的,并且有 $(f^{-1})^{-1}$ 是从 A 到 B 的双射函数.

对于任意的 $a \in A$,设 $f(a)=b \in B$,

则有 $f^{-1}(b)=a$,因此 $(f^{-1})^{-1}(a)=b$.

可得 $f(a)=(f^{-1})^{-1}(a)$,因为 a 是任意的,因此 $(f^{-1})^{-1}=f$.

(2) 从假设可知,等式两边都是从 C 到 A 的双射函数.

对于任意的 $c\in C$,存在 $b\in B$ 与 $a\in A$,使得:

$$g^{-1}(c)=b,\quad f^{-1}(b)=a,$$

则　　　　　　　　$(f^{-1}\circ g^{-1})(c)=f^{-1}(g^{-1}(c))=f^{-1}(b)=a.$

另外,又因为 $(g\circ f)(a)=g(f(a))=g(b)=c$,因此 $(g\circ f)^{-1}(c)=a$.

因为 c 是任意的,所以有 $(g\circ f)^{-1}=f^{-1}\circ g^{-1}$.

例 3.2-3　设 $A=\{1,2,3\}$,$B=\{4,5,6\}$,函数 $f:A\to B$ 为 $f=\{<1,4>,<2,5>,<3,6>\}$,求函数 f 的逆函数 f^{-1}.

解　由于函数 $f:A\to B$ 是双射函数,故其逆函数是存在的,根据逆函数的定义可得:

$$f^{-1}=\{<4,1>,<5,2>,<6,3>\}.$$

例 3.2-4　已知函数 f 是实数集 **R** 上的函数,且 $f=\{<x,x+2>|x\in\mathbf{R}\}$,试求 f 的逆函数.

解　分析 f 可知,f 是双射函数,故 f 是可逆的,且其逆函数为:

$$f^{-1}=\{<x+2,x>|x\in\mathbf{R}\}.$$

3.3　函数的应用

函数是一种特殊的二元关系,因其特殊性,函数在近代科学中有着非常重要的作用,特别是在计算机科学中有着广泛的应用,如在各种高级程序设计语言中,都普遍使用了大量的函数.事实上,计算机的任何输出都可以看成是某些输入的函数.本节列举了几个具体的实例,来简单介绍函数是如何应用于计算机领域的.

例如,Hash 函数是数据结构中常用函数,假设在计算机内存中有编号从 0 到 10 的存储单元,如图 3.3-1 所示是在初始时刻全为空的单元中,按次序 15、558、32、132、102 和 5 存入之后的状态.现在希望能在这些存储单元中,存储任意的非负整数,并能进行检索.试用 Hash 函数方法完成 259 的存储和 558 的检索.

132			102	15	5	259		558		32	
0	1	2	3	4	5	6	7	8	9	10	0

图 3.3-1　存储单元

解　Hash 函数方法是根据要存入或检索的数据,为其计算出存入或检索的首选地址(内存地址或存储地址).例如,为了存储或检索数据 n,可以取 $n\bmod m$ 作为首选地址.根据题意,$m=11$,这样 Hash 函数就为 $h(n)=n\bmod 11$,将 259 和 558 代入该 Hash 函数,即可完成相应的存储和检索.

由于 $h(259)=259 \bmod 11=6$,故 259 应该存储在位置 6.

同理 $h(558)=558 \bmod 11=8$,故检查位置 8,558 正好存储在位置 8.

事实上,如果想将 257 存入这些存储单元,可以发现,$h(257)=h(15)=4$,即位置 4 已经被占用了,此时称发生了冲突. 准确地说,对于一个 Hash 函数 H,如果 $H(x)=H(y)$,但 $x\neq y$,就称冲突发生了.

为了解决冲突,我们需要设计冲突消解策略. 一种简单的冲突消解策略是沿着位置号递增的方向,寻找下一个未被占用的存储单元(假设位置 10 后面是位置 0). 如果使用这种冲突消解策略,257 被存放在位置 7. 同样地,如果要确定一个已经存储的数据 n 的位置,需要计算并检查位置 $h(n)$. 如果 n 不在这个位置,则沿着位置号递增的方向,检查下一个位置(假设位置 10 后面是位置 0);如果仍然不是 n,继续检查下一个位置,以此类推. 如果遇到了一个空单元或者返回了初始位置,就可以确定 n 不存在;否则,一定可以找到数据 n 的位置. 如果冲突很少发生,那么一旦发生了冲突,冲突就可以很快被消解了.

Hash 函数提供了一种很快的存储和检索数据的方法. 例如,某单位的人事数据可以通过对职员标识号,使用 Hash 函数的方法进行快速的存储和检索.

又例如,双射函数在密码学中应用十分普遍,是密码学中的重要工具,因为在密码体制中经常会同时涉及加密和解密两个过程.

假设函数 f 是由表 3.3-1 定义的.

表 3.3-1

A	B	C	D	E	F	G	H	I	J	K	L	M
D	E	S	T	I	N	Y	A	B	C	F	G	H
N	O	P	Q	R	S	T	U	V	W	X	Y	Z
J	K	L	M	O	P	Q	R	U	V	W	X	Z

即 $f(\mathrm{A})=\mathrm{D}, f(\mathrm{B})=\mathrm{E}, f(\mathrm{C})=\mathrm{S}$ 等.

试找出给定密文"QAIQORSFDOOBUIPQKIBYAQ"对应的明文.

解　由表 3.3-1 可知,f 是一个双射函数. 因此,为了求出给定密文的明文,只需要求出 f 的逆函数 f^{-1} 即可. 按照 f^{-1} 的对应关系,依次还原出对应字母的原像,即可得到该密文对应的明文.

根据表 3.3-1 定义的函数 f,求出 f 的逆函数 f^{-1} 如表 3.3-2 所示。

表 3.3-2

A	B	C	D	E	F	G	H	I	J	K	L	M
H	I	J	A	B	K	L	M	E	N	O	P	Q
N	O	P	Q	R	S	T	U	V	W	X	Y	Z
F	R	S	T	U	C	D	V	W	X	Y	G	Z

将密文"QAIQORSFDOOBUIPQKIBYAQ"中的每一个字母在逆函数 f^{-1} 中找出其对应的像,即可得到其对应的明文是:"THETRUCKARRIVESTONIGHT",分词之后就是"THE TRUCK ARRIVES TONIGHT".

本 章 总 结

本章主要介绍了函数的定义、函数的类型(单射函数、满射函数、双射函数)、计算机中常用的函数、函数的复合运算、逆运算以及函数在计算机学科中的应用.

(1) 正确理解函数的定义,特别是函数与关系的区别和联系.

(2) 掌握单射函数、满射函数、双射函数的基本概念,数学描述形式,学会判断函数的类型、构造指定类型的函数.

(3) 理解常函数、恒等函数、特征函数、布尔函数等常要用到的函数的基本概念.

(4) 掌握函数的复合运算、逆运算的含义、计算方法,及其满足的运算性质(定理).

(5) 了解函数在计算机学科中的应用,如 Hash 函数在数据结构中的应用、双射函数在密码学中的应用.

本章需要重点掌握的内容如下.

(1) 掌握函数概念;

(2) 能够判断函数的单射、满射与双射;

(3) 会求函数的逆函数与复合函数.

习　　题

1. 设 $A=\{1,2,3,4,5\}$,$B=\{0,1\}$,求 B^A.

2. 设 f,g 是函数,$f\cap g\neq\varnothing$,则 $f\cap g$,$f\cup g$ 是函数吗? 如果是,证明你的结论;如果不是,请举一个反例.

3. 设 $A=\{a,b,c,d\}$,$B=\{1,2,3\}$,$f=\{<a,1>,<b,2>,<c,3>\}$,请判断下列命题的真假.

(1) f 是从 A 到 B 的二元关系,但不是从 A 到 B 的函数;

(2) f 是从 A 到 B 的函数,但不是满射的,也不是单射的;

(3) f 是从 A 到 B 的满射函数,但不是单射的;

(4) f 是从 A 到 B 的双射函数.

4. 设 $|A|=n$,$|B|=m$,试回答:

(1) 从 A 到 B 有多少个不同的函数;

(2) 当 m,n 满足什么条件时,存在单射函数,且有多少个单射函数;

(3) 当 m,n 满足什么条件时,存在满射函数,且有多少个满射函数;

(4) 当 m,n 满足什么条件时,存在双射函数,且有多少个双射函数.

5. 设 $A=\{a,b\}$, $B=\{0,1\}$,试求解:

(1) $P(A)$ 和 B^A;

(2) 构造一个从 $P(A)$ 和 B^A 的双射函数.

6. 判断下列关系 f 是否为从 A 到 B 的函数,如果是,哪些是单射的,哪些是满射的,哪些是双射的?

(1) $A=B=\mathbf{R}$, $f(x)=x^2-x$;

(2) $A=B=\mathbf{R}$, $f(x)=\sqrt{x}$;

(3) $A=B=\mathbf{R}$, $f(x)=\dfrac{1}{x}$;

(4) $A=B=\{x\mid x\in\mathbf{Z},x>0\}$, $f(x)=x+1$;

(5) $A=B=\mathbf{Z}$, $f(x)=\begin{cases}x, & x=1,\\ x-1, & x>1;\end{cases}$

(6) $A=B=\mathbf{N}$, $f(x)=x^2+2$.

7. 设 $A=\{a,b,c,d\}$, $B=\{0,1,2\}$,试完成:

(1) 构造一个函数 $f:A\rightarrow B$,使得 f 既不是单射的,也不是满射的;

(2) 构造一个函数 $f:A\rightarrow B$,使得 f 不是单射的,但是满射的;

(3) 能否构造一个函数 $f:A\rightarrow B$,使得 f 是单射的,但不是满射的吗?

(4) 设 $|A|=m$, $|B|=n$,分别说明存在单射函数、满射函数、双射函数 $f:A\rightarrow B$ 的条件.

8. 设 f,g,h 都是实数集 $\mathbf{R}$ 上的函数,对于任意的 $x\in\mathbf{R}$, $f(x)=2x+1$, $g(x)=x+5$, $h(x)=\dfrac{x}{2}$,试求: $f\circ g$, $g\circ f$, $h\circ f$, $f\circ(h\circ g)$, $g\circ(h\circ f)$.

9. 设 $f:\mathbf{R}\rightarrow\mathbf{R}$, $f(x)=\begin{cases}x^2 & (x\geqslant3);\\ -2 & (x<3).\end{cases}$ $g:\mathbf{R}\rightarrow\mathbf{R}$, $g(x)=x+2$,试求:

(1) $f\circ g(x)$;

(2) $g\circ f(x)$;

(3) $g\circ f:\mathbf{R}\rightarrow\mathbf{R}$;

(4) f^{-1};

(5) g^{-1}.

10. 下列函数为实数集上的函数,判断它们是否可逆,如果可逆,请求出它们的逆函数.

(1) $y=3x+1$;

(2) $y=x^3-1$;

(3) $y=x^2-2x$;

(4) $y = \tan x + 1$.

11. 设 **R** 为实数集, $\sigma(x) = x^2 - 2, \tau(x) = x + 4, \varphi(x) = x^3 - 5$ 都是 **R→R** 的函数.

(1) 求 $\tau \cdot \sigma, \sigma \cdot \tau$, 并分别判定是否为 **R→R** 的满射函数、单射函数还是双射函数?

(2) 问 φ^{-1} 是否存在? 如果存在, 试求出来.

12. 设 $f: \mathbf{R} \to \mathbf{R}, g: \mathbf{R} \to \mathbf{R}$.

$$f(x) = \begin{cases} x^2 & (x \geqslant 3); \\ -2 & (x < 3). \end{cases} \qquad g(x) = x + 2.$$

求 $f \circ g, g \circ f$. 如果 f 和 g 存在反函数, 求出他们的反函数.

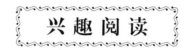

兴 趣 阅 读

函数概念发展史

1. 早期函数概念——几何观念下的函数

17 世纪伽利略在《两门新科学》一书中, 几乎全部包含函数或称为变量关系的这一概念, 用文字和比例的语言表达函数的关系. 1673 年前后笛卡儿在他的解析几何中, 已注意到一个变量对另一个变量的依赖关系, 但因当时尚未意识到要提炼函数概念, 因此直到 17 世纪后期牛顿和莱布尼兹建立微积分时还没有人明确函数的一般意义, 大部分函数是当作曲线来研究的.

1673 年, 莱布尼兹首次使用 "function" (函数) 表示 "幂", 后来他用该词表示曲线上点的横坐标、纵坐标、切线长等曲线上点的有关几何量. 与此同时, 牛顿在微积分的讨论中, 使用 "流量" 来表示变量间的关系.

2. 18 世纪函数概念——代数观念下的函数

1718 年约翰·伯努利在莱布尼兹函数概念的基础上对函数概念进行了定义: "由任一变量和常数的任一形式所构成的量." 他的意思是凡变量 x 和常量构成的式子都叫做 x 的函数, 并强调函数要用公式来表示.

1755 年欧拉把函数定义为: "如果某些变量, 以某一种方式依赖于另一些变量, 即当后面这些变量变化时, 前面这些变量也随着变化, 我们把前面的变量称为后面变量的函数."

18 世纪中叶欧拉给出了定义: "一个变量的函数是由这个变量和一些数即常数以任何方式组成的解析表达式." 他把约翰·伯努利给出的函数定义称为解析函数, 并进一步把它区分为代数函数和超越函数, 还考虑了 "随意函数". 不难看出, 欧拉给出的函数定义比约翰·伯努利的定义更普遍、更具有广泛意义.

3. 19 世纪函数概念——对应关系下的函数

1821 年, 柯西从定义变量起给出函数定义: "在某些变数间存在着一定的关系,当一经给定其中某一变数的值,其他变数的值可随着而确定时,则将最初的变数叫自变量,其他各变数叫做函数."在柯西的定义中,首先出现了自变量一词,同时指出对函数来说不一定要有解析表达式.不过他仍然认为函数关系可以用多个解析式来表示,这是一个很大的局限.

1822 年,傅里叶发现某些函数可用曲线表示,也可以用一个式子表示,或用多个式子表示,从而结束了函数概念是否以唯一一个式子表示的争论,把对函数的认识又推进了一个新层次.

1837 年狄利克雷突破了这一局限,认为怎样去建立 x 与 y 之间的关系无关紧要,他拓广了函数概念,指出:"对于在某区间上的每一个确定的 x 值,y 都有一个或多个确定的值,那么 y 叫做 x 的函数."这个定义避免了函数定义中对依赖关系的描述,以清晰的方式被所有数学家接受.这就是人们常说的经典函数定义.

等到康托尔创立的集合论在数学中占有重要地位之后,维布伦用"集合"和"对应"的概念给出了近代函数定义,通过集合概念把函数的对应关系、定义域及值域进一步具体化,且打破了"变量是数"的极限,变量可以是数,也可以是其他对象.

4. 现代函数概念——集合论下的函数

1914 年豪斯道夫在《集合论纲要》中用不明确的概念"序偶"来定义函数,其避开了意义不明确的"变量""对应"概念.库拉托夫斯基于 1921 年用集合概念来定义"序偶"使豪斯道夫的定义很严谨.

1930 年新的现代函数定义为:"若对集合 M 的任意元素 x,总有集合 N 确定的元素 y 与之对应,则称在集合 M 上定义一个函数,记为 $y = f(x)$.元素 x 称为自变元,元素 y 称为因变元."人们开始视函数为集合.

术语函数、映射、对应、变换通常都有同一个意思.但函数只表示数与数之间的对应关系,映射还可表示点与点之间,图形之间的对应关系.可以说函数包含于映射.

总之,函数概念的定义经过几百多年的锤炼、变革,形成了函数的现代定义形式,但这并不意味着函数概念发展的历史终结,20 世纪 40 年代,物理学研究的需要发现了一种叫做狄拉克 δ 函数,它只在一点处不为零,而它在全直线上的积分却等于 1,这在原来的函数和积分的定义下是不可思议的,但广义函数概念的引入,把函数、测度,及以上所述的狄拉克 δ 函数等概念统一了起来.因此,随着以数学为基础的其他学科的发展,函数的概念还会继续扩展.

第4章 命题逻辑

数理逻辑又称符号逻辑、理论逻辑,它包括命题逻辑与谓词逻辑,是用数学方法研究逻辑或形式逻辑的学科.所谓数学方法就是指数学采用的一般方法,包括使用符号和公式,已有的数学成果和方法,特别是使用形式的公理方法来描述和处理思维形式的逻辑结构及其规律,从而把对思维的研究转变为对符号的研究.这样不但可以避免自然语言的歧义性,还可以将推理理论公式化.简而言之,数理逻辑就是精确化、数学化的形式逻辑.它是现代计算机技术的基础.新的时代将是数学大发展的时代,而数理逻辑在其中将会起到很关键的作用.本章首先介绍命题逻辑.

4.1 命题与联结词

4.1.1 命题

我们把对确定的对象做出真假判断的陈述句称作**命题**(propositions),当判断正确或符合客观实际时,称该命题为**真**(true),否则称该命题为**假**(false)."真、假"常称为命题的真值.

例 4.1-1 判断下列句子是否为命题.

(1) 冬季是寒冷的.

(2) $9-2=5$.

(3) 6 是偶数且 11 也是偶数.

(4) 唐朝建立那天武汉下雨.

(5) 第 28 届奥林匹克运动会开幕时北京天晴.

(6) 大于 2 的偶数均可分解为两个质数的和(哥德巴赫猜想).

(7) 真顺利啊!

(8) 您去图书馆吗?

(9) $x+y<0$.

(10) 我在说谎.

显然句子(1)、句子(2)、句子(3)都是命题,句子(1)为真命题,句子(2)、句子(3)为假命题.事实上句子(4)、句子(5)、句子(6)也是命题,虽然它们的真值未必在现在或将来可以得知,但它们所作判断是否符合客观实际这一点是确定的.

句子(7)、句子(8)不是陈述句,因此它们都不是命题.句子(9)也不是命题,因为

通常 x、y 表示变元，它们不是确定的对象，因此句子(9)没有确定的真值. 只有当 x、y 取得确定的值时，句子(9)才成为命题，才有相应的真值.

句子(10)不是命题，因为它是一个悖论. 由于句子(10)对本身的真假作了否定的判断，从而使对句子(10)真值的判定变得没有意义. 当判定句子(10)真时，句子(10)对本身的判断成立，即句子(10)假；当判定句子(10)假时，句子(10)对本身的判断则不成立，即句子(10)真.

我们注意到，命题(1)到命题(6)中的命题(3)与其他命题不同，命题(3)实际上是由两个命题与一个联结词"且"所组成的. 命题(3)的真值不仅依赖于这两个组成它的命题，而且还依赖于这个联结词的意义. 像这样的联结词称为**逻辑联结词**. 通常把不含有逻辑联结词的命题称为**原子命题**或**原子**，而把由原子命题和逻辑联结词共同组成的命题称为**复合命题**.

例 4.1-2 下列命题都是复合命题，其中下画线标记的字为逻辑联结词.

(1) 冬季<u>不</u>是寒冷的.

(2) 今晚我学习<u>或者</u>去看电视.

(3) 我去了图书馆，他去了教室(省略了逻辑联结词"且").

(4) <u>如果</u>你来，<u>那么</u>我去接你.

(5) 偶数 a 是质数，<u>当且仅当</u> $a=2$(a 是常数).

在形式化表示中，原子命题通常记为 p,q,r,s 等小写字母. F 表示假命题，T 表示真命题.

简单命题：一个命题是一个简单的陈述句.

复合命题：由若干个原子命题经过联结词复合而成的陈述句.

4.1.2 联结词

文中"联结词"一词均指逻辑联结词及其符号表示. 重要的联结词有 5 个，它们已在例 4.1-2 中出现.

(1) 否定词"非"，用**符号**¬表示. 设 p 表示命题，那么 ¬p 表示命题 p 的否定. p 真时 ¬p 为假，而 p 假时 ¬p 为真. ¬p 读作"非 p". 今后我们用 1 表示结果值"真"，用 0 表示结果值"假"，用表 4.1-1 所示的真值表来规定联结词的意义，描述复合命题的真值状况. 表 4.1-1 规定了否定词 ¬ 的含义，表示 ¬p 的真值状况.

表 4.1-1

p	¬p
0	1
1	0

例 4.1-3　如果 p 表示命题"冬季是寒冷的",那么"冬季<u>不</u>是寒冷的"应表示为 $\neg p$,此时 $\neg p$ 为假,因为 p 为真.

当用否定词"非"代替自然语言中的"不"时,应注意保持原语句的意义.例如 p 表示"我会游泳"时,$\neg p$ 表示"我不会游泳".

(2) 合取词"并且",用**符号∧**表示.设 p,q 表示两命题,那么 $p \wedge q$ 表示 p 合取 q 所得的命题,即 p 和 q 同时为真时,$p \wedge q$ 真,否则 $p \wedge q$ 为假.$p \wedge q$ 读作"p 并且 q"或"p 且 q".合取词∧的含义和命题 $p \wedge q$ 的真值状况如表 4.1-2 所示.

表 4.1-2

p	q	$p \wedge q$
0	0	0
0	1	0
1	0	0
1	1	1

例 4.1-4　如果 p 表示命题"我去了图书馆",q 表示命题"他去了教室",那么 $p \wedge q$ 表示命题"我去了图书馆并且他去了教室".

(3) 析取词"或"用**符号∨**表示.设 p,q 表示两命题,那么 $p \vee q$ 表示 p 和 q 的析取,即当 p 和 q 有一个为真时,$p \vee q$ 为真,只有当 p 和 q 均假时,$p \vee q$ 为假.$p \vee q$ 读作"p 或者 q""p 或 q".

析取词∨的含义及复合命题 $p \vee q$ 的真值状况如表 4.1-3 所示.

表 4.1-3

p	q	$p \vee q$
0	0	0
0	1	1
1	0	1
1	1	1

例 4.1-5　如果 p、q 分别表示"今晚下雨"和"今晚刮风",那么 $p \vee q$ 表示"今晚下雨或者今晚刮风".

值得注意的是,在析取式 $p \vee q$ 中,若 p,q 都为真,则 $p \vee q$ 为真,前者称为相容"或"."或"还有另外一种用法:当 p,q 都为真时,析取起来为假,后者称为排斥"或"(排异"或").例如:吴老师是湖北人或福建人.这里的"或"用∨表示不合适,可用表 4.1-4 所示的新联结词**"不可兼或"∨**表示之.

表 4.1-4

p	q	$p \overline{\vee} q$
0	0	0
0	1	1
1	0	1
1	1	0

（4）蕴涵词"如果……那么……"，用**符号**→表示. 设 p、q 表示两命题，那么 $p \rightarrow q$ 表示命题"如果 p，那么 q". 当 p 真而 q 假时，命题 $p \rightarrow q$ 为假，否则均认为 $p \rightarrow q$ 为真. $p \rightarrow q$ 中的 p 称为蕴涵前件，q 称为蕴涵后件. $p \rightarrow q$ 的读法较多，可读作"如果 p 则 q""p 蕴涵 q""p 是 q 的充分条件""q 是 p 的必要条件""q 当 p""p 仅当 q"等等.

蕴涵词→的含义及复合命题 $p \rightarrow q$ 的真值状况规定如表 4.1-5 所示.

表 4.1-5

p	q	$p \rightarrow q$
0	0	1
0	1	1
1	0	0
1	1	1

例 4.1-6 如果用 p 表示"你来"，q 表示"我去接你"，那么 $p \rightarrow q$ 表示命题"如果你来，那么我去接你". 当你来时，我去接了你，这时诺言 $p \rightarrow q$ 真；我没去接你，则诺言 $p \rightarrow q$ 假. 当你不来时，我无论去或不去接你均未食言，此时认定 $p \rightarrow q$ 为真是适当的.

上述规定的蕴涵词称为实质蕴涵，因为它不要求 $p \rightarrow q$ 中的 p、q 有什么关系，只要 p、q 为命题，$p \rightarrow q$ 就有意义. 例如"如果 $2+2=5$，那么雪是黑的"，就是一个有意义的命题，且据定义其真值为"真".

（5）等价联结词"当且仅当"，用**符号**↔表示. 设 p、q 为两命题，那么 $p \leftrightarrow q$ 表示命题"p 当且仅当 q""p 与 q 等价"，即当 p 与 q 同真值时 $p \leftrightarrow q$ 为真，否则为假. $p \leftrightarrow q$ 读作"p 当且仅当 q""p 等价于 q".

等价联结词↔的含义及 $p \leftrightarrow q$ 的真值状况如表 4.1-6 所示.

表 4.1-6

p	q	$p \leftrightarrow q$
0	0	1
0	1	0
1	0	0
1	1	1

例 4.1-7 设 p 表示"两圆的面积相等",q 表示"两圆的半径相等". 则"两圆的面积相等当且仅当其半径相等"可用符号化表示为:$p \leftrightarrow q$.

以上介绍的是 5 个最常用、最重要的联结词,自然语言中还有其他联结词,有的可以直接用它们中的一个来表示,例如"也"等同于"且",有的则可以用它们中的若干个来表示,例如"不可兼或"可用 $\lor$、$\land$ 与 $\neg$ 来表示.

复合命题中用到多个命题联结词时的使用规则如下.

(1) 先括号内,后括号外.

(2) 联结词运算符优先级约定为:$\neg$、$\land$、$\lor$、$\rightarrow$、$\leftrightarrow$.

(3) 联结词按从左到右的次序进行运算.

(4) 最外层的括号一律均可省去.

4.1.3 语句的符号化

用我们已有的符号语言,可以将许多自然语言语句符号化,也称形式化. 命题符号化应注意以下几点.

(1) 确定句子是否为命题,不是就不必翻译.

(2) 找出所有的原子命题.

(3) 确定句中联结词是否能对应于并且对应于哪一个命题联结词.

(4) 正确表示原子命题和选择命题联结词.

例 4.1-8 将下列语句符号化.

(1) 李明是计算机系的学生,他是男生或女生.

p:李明是计算机系的学生.

q:李明是男生.

r:李明是女生.

该命题符号化为:$p \land (q \overline{\lor} r)$.

(2) 如果你走路时看书,那么你一定会成为近视眼.

p:你走路.

q:你看书.

r:你成为近视眼.

该命题符号化为:$(p \land q) \rightarrow r$.

(3) 他虽有理论知识但无实践经验.

p:他有理论知识.

q:他有实践经验.

该命题符号化为:$p \land \neg q$.

(4) 如果他没来学校,那么他或者是生病了,或者是不在本地.

p:他来学校.

q:他生病.

r:他在本地.

该命题符号化为:$\neg p \rightarrow (q \vee \neg r)$.

(5) 张三和李四是朋友.

这是一个简单句.

该命题符号化为:p.

4.2 命题公式及其分类

4.2.1 命题公式与真值表

我们把表示具体命题及表示常命题的符号 p、q、r、s 等与符号 F,T 统称为命题常元.深入的讨论还需要引入命题变元的概念,它们是以"真、假"或"1、0"为取值范围的变元,为简单计,命题变元仍用 p、q、r、s 等表示.相同符号的不同含义,一般从上下文来区别,在未指出符号所表示的具体命题时,它们常被看作变元.

例如,A:中国的首都在北京.

B:武汉是个中部城市.

P:$z=x+y$.

其中:A 和 B 是命题常元;P 是命题变元.

命题常元:表示具体确定内容的命题,即命题常元有确定的真值.

命题变元:没有意义的、没有赋予具体内容的抽象命题.

命题常元、变元及联结词是形式描述命题及其推理的基本语言成分,用它们可以形式地描述更为复杂的命题.下面我们引入高一级的语言成分——命题公式.

定义 4.2-1 以下 3 个条款规定了命题公式的意义.

(1) 命题常元和命题变元是命题公式,也称为原子公式或原子.

(2) 如果 A、B 是命题公式,那么($\neg A$)、($A \wedge B$)、($A \vee B$)、($A \rightarrow B$)、($A \leftrightarrow B$)也是命题公式.

(3) 只有有限步引用条款(1)、(2)所组成的符号串是命题公式.

命题公式简称**公式**,常用大写字母 A、B、C 等表示.公式的上述定义方式称为**递归定义**.

例如,$P \vee Q$、($\neg P \wedge Q$) $\vee$ ($P \wedge \neg Q$)是命题公式,但 $\neg P \vee Q \vee$、($\neg P \wedge Q$) $\rightarrow Q \rightarrow$ 均非公式.

如果公式 A 含有命题变元 $p_1, p_2, \cdots, p_n$,记为 $A(p_1, \cdots, p_n)$,并把联结词看作真值运算符,那么公式 A 可以看作是 $p_1, \cdots, p_n$ 的真值函数.对于任意给定的 p_1,$\cdots, p_n$ 的一种取值状况,称为**指派**(assignments),用希腊字母 α、β 等表示,A 均有一

个确定的真值. 当 A 对于取值状况 α 为真时,称指派 α 成真 A,或 α 是 A 的成真赋值,记为 $\alpha(A)=1$;反之称指派 α 成假 A,或 α 是 A 的成假赋值,记为 $\alpha(A)=0$. 对于一切可能的指派,公式 A 的取值可用如表 4.2-1 所示的值来描述,这个表称为真值表. 当 $A(p_1,\cdots,p_n)$ 中有 k 个联结词时,公式 A 的真值表应为 2^n 行、$k+n$ 列(不计表头).

命题公式的真值表的构造步骤如下.

(1) 找出给定命题公式中所有的命题变元,列出所有可能的赋值.

(2) 按照从低到高的计算优先级顺序写出命题公式的各层次.

(3) 对应每个赋值,计算命题公式各层次的值,直到最后计算出整个命题公式的值.

例 4.2-1　构造命题公式 $\neg P \wedge Q$ 的真值表.

解　命题公式 $\neg P \wedge Q$ 的真值表如表 4.2-1 所示.

表 4.2-1

P	Q	$\neg P \wedge Q$
0	0	0
0	1	1
1	0	0
1	1	0

例 4.2-2　写出公式 $\neg(p \to (q \wedge r))$ 的真值表.

解　公式 $\neg(p \to (q \wedge r))$ 的真值表如表 4.2-2 所示.

表 4.2-2

p	q	r	$q \wedge r$	$p \to (q \wedge r)$	$\neg(p \to (q \wedge r))$
0	0	0	0	1	0
0	0	1	0	1	0
0	1	0	0	1	0
0	1	1	1	1	0
1	0	0	0	0	1
1	0	1	0	0	1
1	1	0	0	0	1
1	1	1	1	1	0

可见指派 $(0,0,0)$、$(0,0,1)$、$(0,1,0)$、$(0,1,1)$ 及 $(1,1,1)$ 均成假公式,而指派 $(1,0,0)$、$(1,0,1)$ 和 $(1,1,0)$ 都成真公式.

4.2.2 命题公式的分类

定义 4.2-2 命题公式 A 称为**重言式**(tautology),如果对 A 中命题变元的一切指派均成真,因而重言式又称**永真式**;A 称为**可满足式**(satisfactable formula),如果至少有一个指派成真;A 称为**永假式**,如果对 A 中命题变元的一切指派均成假,永假式又称**矛盾式**.

很显然,永真式是可满足式,非永真式未必是永假式,而当 A 是永真式(或永假式)时,$\neg A$ 必为永假式(或永真式).对于任何公式 A,$A \vee \neg A$ 是重言式,$A \wedge \neg A$ 是矛盾式.这两个事实揭示了人们通常思维所遵循的逻辑排中律和矛盾律.对于任何原子命题 p,p 与 $\neg p$ 都是可满足式.可以用真值表验证重言式.

例 4.2-3 用真值表判断公式 $(p \vee q) \wedge \neg p \to q$ 的类型.

解 真值表如表 4.2-3 所示,由表的最后一列可以看出,公式 $(p \vee q) \wedge \neg p \to q$ 为重言式.

表 4.2-3

p	q	$p \vee q$	$\neg p$	$(p \vee q) \wedge \neg p$	$(p \vee q) \wedge \neg p \to q$
0	0	0	1	0	1
0	1	1	1	1	1
1	0	1	0	0	1
1	1	1	0	0	1

例 4.2-4 用真值表判断公式 $(p \to (q \wedge r)) \leftrightarrow (p \wedge q)$ 的类型.

解 真值表如表 4.2-4 所示,由表 4.2-4 的最后一列可以看出,公式 $(p \to (q \wedge r)) \leftrightarrow (p \wedge q)$ 为可满足式.

表 4.2-4

p	q	r	$q \wedge r$	$p \to (q \wedge r)$	$p \wedge q$	$(p \to (q \wedge r)) \leftrightarrow (p \wedge q)$
0	0	0	0	1	0	0
0	0	1	0	1	0	0
0	1	0	0	1	0	0
0	1	1	1	1	0	0
1	0	0	0	0	0	1
1	0	1	0	0	0	1
1	1	0	0	0	1	0
1	1	1	1	1	1	1

4.3 命题公式的等值

4.3.1 等值式

定义 4.3-1 当命题公式 $A \leftrightarrow B$ 为永真式时,称 A 等值于 B,记作 $A \Leftrightarrow B$.

因此,逻辑等值式 $A \Leftrightarrow B$ 可以从两个角度去理解.

(1) $A \Leftrightarrow B$ 表示断言"$A \leftrightarrow B$ 是重言式".

(2) $A \Leftrightarrow B$ 表示"A、B 等值",或理解为"当 A 真时 B 亦真,当 A 假时 B 也假",甚至理解为"由 A 真可推出 B 真,且由 B 真可推出 A 真".

注意:符号"$\leftrightarrow$"和"$\Leftrightarrow$"的区别,归纳如下.

(1) 符号"$\Leftrightarrow$"不是命题联结词,而是公式之间的关系符号.如 $A \Leftrightarrow B$ 表示的是公式 A 和公式 B 有逻辑等值关系,$A \Leftrightarrow B$ 表示的不是命题公式.

(2) 符号"$\leftrightarrow$"是命题联结词,表示的是命题公式.

这二者具有密切的关系,即 $A \Leftrightarrow B$ 的充要条件是公式 $A \leftrightarrow B$ 为永真式.

4.3.2 用真值表判断公式的等值

例 4.3-1 判定公式 $A : \neg(p \wedge q)$ 和 $B : \neg p \vee \neg q$ 是否等值.

解 表 4.3-1 列出了 $A : \neg(p \wedge q)$ 和 $B : \neg p \vee \neg q$ 的真值表.

表 4.3-1 两个公式的真值表

p	q	$p \wedge q$	$\neg(p \wedge q)$	$\neg p \vee \neg q$
0	0	0	1	1
0	1	0	1	1
1	0	0	1	1
1	1	1	0	0

可以看出 $\neg(p \wedge q)$ 与 $\neg p \vee \neg q$ 的真值表相同,即 $\neg(p \wedge q) \Leftrightarrow \neg p \vee \neg q$.

4.3.3 等值演算

虽然用真值法可以判断任何两个命题公式是否等值,但当命题变项较多时,工作量是很大的.本书给出以下已验证过的重要等值式,以它们为基础进行公式之间的演算,来判断公式之间是否等值.在下面公式中出现的 A、B、C 仍然是元语言符号,它们代表任意的命题公式.

双重否定律：	$\neg\,\neg A \Leftrightarrow A.$
幂等律：	$A \vee A \Leftrightarrow A.$
	$A \wedge A \Leftrightarrow A.$
交换律：	$A \vee B \Leftrightarrow B \vee A.$
	$A \wedge B \Leftrightarrow B \wedge A.$
结合律：	$(A \vee B) \vee C \Leftrightarrow A \vee (B \vee C).$
	$(A \wedge B) \wedge C \Leftrightarrow A \wedge (B \wedge C).$
分配律：	$A \wedge (B \vee C) \Leftrightarrow (A \wedge B) \vee (A \wedge C).$
	$A \vee (B \wedge C) \Leftrightarrow (A \vee B) \wedge (A \vee C).$
德·摩根律：	$\neg(A \vee B) \Leftrightarrow \neg A \wedge \neg B.$
	$\neg(A \wedge B) \Leftrightarrow \neg A \vee \neg B.$
吸收律：	$A \vee (A \wedge B) \Leftrightarrow A.$
	$A \wedge (A \vee B) \Leftrightarrow A.$
蕴涵等值式：	$A \rightarrow B \Leftrightarrow \neg A \vee B.$
等价等值式：	$A \leftrightarrow B \Leftrightarrow (A \rightarrow B) \wedge (B \rightarrow A).$
零律：	$A \vee 1 \Leftrightarrow 1.$
	$A \wedge 0 \Leftrightarrow 0.$
同一律：	$A \vee 0 \Leftrightarrow A.$
	$A \wedge 1 \Leftrightarrow A.$
排中律：	$A \vee \neg A \Leftrightarrow 1.$
矛盾律：	$A \wedge \neg A \Leftrightarrow 0.$
假言易位：	$A \rightarrow B \Leftrightarrow \neg B \rightarrow \neg A.$
归谬论：	$(A \rightarrow B) \wedge (A \rightarrow \neg B) \Leftrightarrow \neg A.$

例 4.3-2 用等值演算法验证等值式：

$$(p \vee q) \rightarrow r \Leftrightarrow (p \rightarrow r) \wedge (q \rightarrow r).$$

证明 可以从左边开始演算,也可以从右边开始演算.现在从左边开始演算.

$$(p \vee q) \rightarrow r \Leftrightarrow \neg(p \vee q) \vee r \Leftrightarrow (\neg p \wedge \neg q) \vee r$$
$$\Leftrightarrow (\neg p \vee r) \wedge (\neg q \vee r)$$
$$\Leftrightarrow (p \rightarrow r) \wedge (q \rightarrow r).$$

定理 4.3-1 设 $\Phi(A)$ 为含命题公式 A 的命题公式,设 $\Phi(B)$ 为用命题公式 B 置换了 $\Phi(A)$ 中的 A 之后得到的命题公式,如果 $A \Leftrightarrow B$,那么 $\Phi(A) \Leftrightarrow \Phi(B)$. 证明略.

这一定理常被称为**置换规则**.

例如,在公式 $(p \rightarrow q) \rightarrow r$ 中,可用 $\neg p \vee q$ 置换其中的 $p \rightarrow q$,由蕴涵等值式可知, $p \rightarrow q \Leftrightarrow \neg p \vee q$,所以,$(p \rightarrow q) \rightarrow r \Leftrightarrow (\neg p \vee q) \rightarrow r$,在这里,使用了置换规则.如果再一次地用蕴涵等值式及置换规则,又会得到 $(\neg p \vee q) \rightarrow r \Leftrightarrow \neg(\neg p \vee q) \vee r$,如果再用德·摩根律及置换规则,又会得到 $\neg(\neg p \vee q) \vee r \Leftrightarrow (p \wedge \neg q) \vee r$,再用分配律及置

换规则,又会得到$(p \wedge \neg q) \vee r \Leftrightarrow (p \vee r) \wedge (\neg q \vee r)$. 此外,用等值演算还可以判断公式的类型.

例 4.3-3　用等值演算判断下列公式的类型:

(1) $(p \rightarrow q) \wedge p \rightarrow q$;

(2) $p \wedge (((p \vee q) \wedge \neg p) \rightarrow q)$.

解

$$(1) \ (p \rightarrow q) \wedge p \rightarrow q \Leftrightarrow (\neg p \vee q) \wedge p \rightarrow q$$
$$\Leftrightarrow \neg ((\neg p \vee q) \wedge p) \vee q$$
$$\Leftrightarrow (\neg (\neg p \vee q) \vee \neg p) \vee q$$
$$\Leftrightarrow ((p \wedge \neg q) \vee \neg p) \vee q$$
$$\Leftrightarrow ((p \vee \neg p) \wedge (\neg q \vee \neg p)) \vee q$$
$$\Leftrightarrow (1 \wedge (\neg q \vee \neg p)) \vee q$$
$$\Leftrightarrow (\neg q \vee q) \vee \neg p$$
$$\Leftrightarrow 1 \vee \neg p$$
$$\Leftrightarrow 1.$$

最后结果说明(1)问中公式是重言式.

$$(2) \ p \wedge (((p \vee q) \wedge \neg p) \rightarrow q) \Leftrightarrow p \wedge (\neg ((p \vee q) \wedge \neg p) \vee q)$$
$$\Leftrightarrow p \wedge (\neg ((p \wedge \neg p) \vee (q \wedge \neg p)) \vee q)$$
$$\Leftrightarrow p \wedge (\neg (0 \vee (q \wedge \neg p)) \vee q)$$
$$\Leftrightarrow p \wedge (\neg q \vee p \vee q)$$
$$\Leftrightarrow p \wedge 1$$
$$\Leftrightarrow p.$$

最后结果说明(2)问中公式是可满足式.

4.3.4　对偶式

定义 4.3-2　设公式 A 仅含联结词 $\neg$、$\wedge$、$\vee$,A^* 为将 A 中符号 $\wedge$、$\vee$、1、0 分别改换为 $\vee$、$\wedge$、0、1 后所得的公式,那么称 A^* 为 A 的**对偶**.

显然 A 与 A^* 互为对偶,即 $(A^*)^* = A$.

例如,$p \vee \neg p$ 与 $p \wedge \neg p$,$\neg p \vee q$ 与 $\neg p \wedge q$,$(1 \wedge p) \vee \neg q$ 与 $(0 \vee p) \wedge \neg q$ 均互为对偶.

又如 $(p \rightarrow q) \wedge (p \rightarrow r)$ 的对偶式为 $(\neg p \wedge q) \vee (\neg p \wedge r)$.

下面两定理所描述的事实常称为**对偶原理**.

定理 4.3-2　设公式 A 中仅含命题变元 $p_1, \cdots, p_n$,及联结词 $\neg$、$\wedge$、$\vee$,那么
$$\neg A(p_1, \cdots, p_n) \Leftrightarrow A^*(\neg p_1, \cdots, \neg p_n).$$

证明　利用德·摩根律将 $\neg A(p_1, \cdots, p_n)$ 前的否定词 $\neg$ 逐步深入各层括号,直

至 $\neg p_1, \cdots, \neg p_n$ 之前. 很明显,$\neg$ 深入过程中,将 A^* 中的 $\wedge$、$\vee$、1、0,分别改换为 $\vee$、$\wedge$、0、1(据德·摩根律及分配律),并最后将 $\neg p_1, \cdots, \neg p_n$ 变换为 $\neg\neg p_1, \cdots,$ $\neg\neg p_n$,它们可替换为 $p_1, \cdots, p_n$,从而整个公式演化回 A. 由于这一变换过程始终保持逻辑等值性,因此,有:

$$\neg A(p_1, \cdots, p_n) \Leftrightarrow A^*(\neg p_1, \cdots, \neg p_n).$$

定理 4.3-3　设公式 $A \Leftrightarrow B$,那么,$A^* \Leftrightarrow B^*$.

证明略.

例如 $A \Leftrightarrow (p \wedge q) \vee (\neg p \vee (\neg p \vee q))$,$B \Leftrightarrow \neg p \vee q$,可以证明 $A \Leftrightarrow B$.

A 的对偶式为 $A^* \Leftrightarrow (p \vee q) \wedge (\neg p \wedge (\neg p \wedge q))$,$B$ 的对偶式为 $B^* \Leftrightarrow \neg p \wedge q$.

根据定理 4.3-3,则 $A^* \Leftrightarrow B^*$.

4.3.5　等值演算的应用

等值演算还能帮助人们解决工作和生活中的判断问题.

例 4.3-4　在某次研讨会的中间休息时间,3 名与会人员根据王教授的口音对他是哪个省市的人进行了判断.

甲说王教授不是苏州人,是上海人.

乙说王教授不是上海人,是苏州人.

丙说王教授既不是上海人,也不是杭州人.

听完以上 3 人的判断后,王教授笑着说,他们 3 人中有一人说的全对,有一人说对了一半,另一人说的全不对. 试用逻辑演算法分析王教授到底是哪里人?

解　设命题为:

p:王教授是苏州人.

q:王教授是上海人.

r:王教授是杭州人.

p、q、r 中必有一个真命题,两个假命题,要通过逻辑演算将真命题找出来.

设

甲的判断为 $A_1 = \neg p \wedge q$.

乙的判断为 $A_2 = p \wedge \neg q$.

丙的判断为 $A_3 = \neg q \wedge \neg r$.

则

甲的判断全对为 $B_1 = A_1 = \neg p \wedge q$.

甲的判断对一半为 $B_2 = ((\neg p \wedge \neg q) \vee (p \wedge q))$.

甲的判断全错为 $B_3 = p \wedge \neg q$.

乙的判断全对为 $C_1 = A_2 = p \wedge \neg q$.

乙的判断对一半为 $C_2 = ((p \wedge q) \vee (\neg p \wedge \neg q))$.

乙的判断全错为 $C_3 = \neg p \wedge q$.

丙的判断全对为 $D_1 = A_3 = \neg q \wedge \neg r$.

丙的判断对一半为 $D_2 = ((q \wedge \neg r) \vee (\neg q \wedge r))$.

丙的判断全错为 $D_3 = q \wedge r$.

由王教授所说:

$$E = (B_1 \wedge C_2 \wedge D_3) \vee (B_1 \wedge C_3 \wedge D_2) \vee (B_2 \wedge C_1 \wedge D_3) \vee (B_2 \wedge C_3 \wedge D_1)$$
$$\vee (B_3 \wedge C_1 \wedge D_2) \vee (B_3 \wedge C_2 \wedge D_1)$$

为真命题. 而

$$\begin{aligned}
B_1 \wedge C_2 \wedge D_3 &= (\neg p \wedge q) \wedge ((\neg p \wedge \neg q) \vee (p \wedge q)) \wedge (q \wedge r)\\
&\Leftrightarrow (\neg p \wedge q \wedge \neg q \wedge r) \vee (\neg p \wedge q \wedge p \wedge r)\\
&\Leftrightarrow 0.
\end{aligned}$$

$$\begin{aligned}
B_1 \wedge C_3 \wedge D_2 &= (\neg p \wedge q) \wedge (\neg p \wedge q) \wedge ((q \wedge \neg r) \vee (\neg q \wedge r))\\
&\Leftrightarrow (\neg p \wedge q \vee r) \vee (\neg p \wedge q \wedge \neg q \wedge r)\\
&\Leftrightarrow \neg p \wedge q \wedge \neg r.
\end{aligned}$$

$$\begin{aligned}
B_2 \wedge C_1 \wedge D_3 &= ((\neg p \wedge \neg q) \vee (p \wedge q)) \wedge (p \wedge \neg q) \wedge (q \wedge r)\\
&\Leftrightarrow (\neg p \wedge \neg q \wedge p \wedge \neg q \wedge q \wedge r) \vee (p \wedge q \wedge \neg q \wedge r)\\
&\Leftrightarrow 0.
\end{aligned}$$

类似可得:

$$B_2 \wedge C_3 \wedge D_1 \Leftrightarrow 0.$$
$$B_3 \wedge C_1 \wedge D_2 \Leftrightarrow p \wedge \neg q \wedge r.$$
$$B_3 \wedge C_2 \wedge D_1 \Leftrightarrow 0.$$

于是,由同一律可知,

$$E \Leftrightarrow (\neg p \wedge q \wedge \neg r) \vee (p \wedge \neg q \wedge r).$$

但因为王教授不能既是上海人,又是杭州人,因而 p、r 必有一个假命题,即 $p \wedge \neg q \wedge r \Leftrightarrow 0$,于是,

$$E \Leftrightarrow \neg p \wedge q \wedge \neg r$$

为真命题,因而必有 p、r 为假命题,q 为真命题,即王教授是上海人. 甲说的全对,丙说对了一半,而乙全说错了.

4.4 范　式

4.4.1 析取范式和合取范式

每种数字标准形都能提供很多信息,如代数式的因式分解可判断代数式的根情况. 逻辑公式在等值演算下也有标准形——范式,范式有两种:析取范式和合取范式.

在讨论范式以前,我们先介绍一些术语.

文字:指命题常元、变元及它们的否定,前者又称正文字,后者又称负文字.

简单析取项:指文字或若干文字的析取.例如,p、$p \vee \neg q$、$\neg p \vee \neg q \vee r$.

简单合取项:指文字或若干文字的合取.例如,$\neg p$、$\neg p \wedge \neg q$、$p \wedge \neg q \wedge r$.

应该注意,一个文字既是简单析取项,又是简单合取项.

定义 4.4-1 由有限个简单合取项构成的析取式称为**析取范式**,即

$$A \Leftrightarrow A_1 \vee A_2 \vee \cdots \vee A_n;$$

其中,A_i 为简单合取项,$i=1, 2, \cdots, n$.

由有限个简单析取项构成的合取式称为**合取范式**,即

$$A \Leftrightarrow A_1 \wedge A_2 \wedge \cdots \wedge A_n;$$

其中,A_i 为简单析取项,$i=1, 2, \cdots, n$.

析取范式与合取范式统称为范式.利用逻辑等值式和代入、替换,可以求出任一公式的析取范式及合取范式.

例 4.4-1 求 $\neg p \rightarrow \neg (p \rightarrow q)$ 的析取范式及合取范式.

$$\neg p \rightarrow \neg (p \rightarrow q) \Leftrightarrow p \vee \neg (\neg p \vee q)$$
$$\Leftrightarrow p \vee (p \wedge \neg q) \quad (\text{析取范式})$$
$$\Leftrightarrow p \wedge (p \vee \neg q) \quad (\text{合取范式}).$$

我们看到:任一命题公式都可化为与其等价的析取范式和合取范式.其等值推演的方法步骤是:

第一步,将公式中的 $\rightarrow$、$\leftrightarrow$ 用联结词 $\neg$、$\wedge$、$\vee$ 来取代;

第二步,将否定号 $\neg$ 移到各个命题变元前;

第三步,将公式进一步化为所需要的范式.

应当指出,一个公式的析取范式和合取范式都不是唯一的,例如,

$$p \vee (p \wedge \neg q) \Leftrightarrow (p \wedge q) \vee (p \wedge \neg q) \Leftrightarrow p.$$
$$p \wedge (p \vee \neg q) \Leftrightarrow (p \vee q) \wedge (p \vee \neg q) \Leftrightarrow p.$$

因而 $\neg p \rightarrow \neg (p \rightarrow q)$ 有析取范式 $p \vee (p \wedge \neg q)$、$(p \wedge q) \vee (p \wedge \neg q)$ 和 p,它又有合取范式 $p \wedge (p \vee \neg q)$、$(p \vee q) \wedge (p \vee \neg q)$ 及 p.

另一方面,一公式的合取范式与析取范式又可能是相同的.例如,p 既是 $\neg p \rightarrow \neg (p \rightarrow q)$ 的合取范式,又是它的析取范式.

上述两点是这两种范式的缺点.

4.4.2 主析取范式与主合取范式

上述范式不唯一,下面追求一种更严格的范式——主范式,它是存在且唯一的.

定义 4.4-2 设 $P_1, P_2, P_3, \cdots, P_n$ 是 n 个命题变元,如果一个简单合取项(简单析取项)包含所有这 n 个命题变元或命题变元的否定,命题变元或其否定只能出现一

个且必须出现一个,并且在简单合取项(或简单析取项)中的排列顺序与 $P_1,P_2,$ $P_3,\cdots,P_n$ 的顺序一致,则称此简单合取项(或简单析取项)为关于 $P_1,P_2,P_3,\cdots,P_n$ 的一个**极小项**(或**极大项**).

例如,$\neg p\rightarrow\neg(p\rightarrow q)$ 的极小项是 $(p\wedge q)$、$(p\wedge\neg q)$;

极大项是 $(p\vee q)$、$(p\vee\neg q)$.

p、q 形成的极小项与极大项如表 4.4-1 所示.

表 4.4-1

极 小 项			极 大 项		
公式	成真赋值	名称	公式	成假赋值	名称
$\neg p\wedge\neg q$	0　0	m_0	$p\vee q$	0　0	M_0
$\neg p\wedge q$	0　1	m_1	$p\vee\neg q$	0　1	M_1
$p\wedge\neg q$	1　0	m_2	$\neg p\vee q$	1　0	M_2
$p\wedge q$	1　1	m_3	$\neg p\vee\neg q$	1　1	M_3

p、q、r 形成的极小项与极大项如表 4.4-2 所示.

表 4.4-2

极 小 项			极 大 项		
公式	成真赋值	名称	公式	成假赋值	名称
$\neg p\wedge\neg q\wedge\neg r$	0　0　0	m_0	$p\vee q\vee r$	0　0　0	M_0
$\neg p\wedge\neg q\wedge r$	0　0　1	m_1	$p\vee q\vee\neg r$	0　0　1	M_1
$\neg p\wedge q\wedge\neg r$	0　1　0	m_2	$p\vee\neg q\vee r$	0　1　0	M_2
$\neg p\wedge q\wedge r$	0　1　1	m_3	$p\vee\neg q\vee\neg r$	0　1　1	M_3
$p\wedge\neg q\wedge\neg r$	1　0　0	m_4	$\neg p\vee q\vee r$	1　0　0	M_4
$p\wedge\neg q\wedge r$	1　0　1	m_5	$\neg p\vee q\vee\neg r$	1　0　1	M_5
$p\wedge q\wedge\neg r$	1　1　0	m_6	$\neg p\vee\neg q\vee r$	1　1　0	M_6
$p\wedge q\wedge r$	1　1　1	m_7	$\neg p\vee\neg q\vee\neg r$	1　1　1	M_7

注意:真值表中成真赋值对应极小项,成假赋值对应极大项.

定义 4.4-3 由有限个极小项组成的析取范式称为**主析取范式**.

由有限个极大项组成的合取范式称为**主合取范式**.

根据定义,$\neg p\rightarrow\neg(p\rightarrow q)$ 的主析取范式是 $(p\wedge q)\vee(p\wedge\neg q)$.

主合取范式是 $(p\vee q)\wedge(p\vee\neg q)$.

任何一个公式都有唯一与之等值的主析取范式和主合取范式.有两种方法求主析取范式和主合取范式:真值表法和等值演算法.

(1)用真值表法求主析取(或合取)范式的步骤如下:

① 列出命题公式的真值表;

② 命题公式指派为真（或假）对应极小项（或极大项）；

③ 将极小项（或极大项）析取（或合取），构成主析取（或合取）范式.

例 4.4-2   利用真值表求公式$(p \rightarrow q) \rightarrow p$ 的主析取范式和主合取范式.

解   列出公式的真值表如表 4.4-3 所示.

表 4.4-3

p q	$(p \rightarrow q)$	$(p \rightarrow q) \rightarrow p$	极小项（成真赋值）	极大项（成假赋值）
0 0	1	0		$(p \vee q)$
0 1	1	0		$(p \vee \neg q)$
1 0	0	1	$(p \wedge \neg q)$	
1 1	1	1	$(p \wedge q)$	

$$(p \rightarrow q) \rightarrow p \Leftrightarrow (p \wedge \neg q) \vee (p \wedge q) \quad （主析取范式）$$
$$\Leftrightarrow (p \vee q) \wedge (p \vee \neg q) \quad （主合取范式）.$$

例 4.4-3   用真值表法求公式$(p \rightarrow q) \leftrightarrow r$ 的主析取范式和主合取范式.

解   列出公式的真值表如表 4.4-4 所示。

表 4.4-4

p q r	$p \rightarrow q$	$(p \rightarrow q) \leftrightarrow r$	极小项（成真赋值）	极大项（成假赋值）
0 0 0	1	0		$(p \vee q \vee r)$
0 0 1	1	1	$(\neg p \wedge \neg q \wedge r)$	
0 1 0	1	0		$(p \vee \neg q \vee r)$
0 1 1	1	1	$(\neg p \wedge q \wedge r)$	
1 0 0	0	1	$(p \wedge \neg q \wedge \neg r)$	
1 0 1	0	0		$(\neg p \vee q \vee \neg r)$
1 1 0	1	0		$(\neg p \vee \neg q \vee r)$
1 1 1	1	1	$(p \wedge q \wedge r)$	

$$(p \rightarrow q) \leftrightarrow r \Leftrightarrow (\neg p \wedge \neg q \wedge r) \vee (\neg p \wedge q \wedge r)$$
$$\vee (p \wedge \neg q \wedge \neg r) \vee (p \wedge q \wedge r) \quad （主析取范式）$$
$$\Leftrightarrow (p \vee q \vee r) \wedge (p \vee \neg q \vee r)$$
$$\wedge (\neg p \vee q \vee \neg r) \wedge (\neg p \vee \neg q \vee r) \quad （主合取范式）.$$

(2) 用等值演算法求命题公式的主析取（或合取）范式的步骤如下.

① 将公式中的$\rightarrow$、$\leftrightarrow$化为$\neg$、$\wedge$、$\vee$表示.

② 将括号前面$\neg$移到命题变元前面.

③ 化为极小项（或极大项）间的析取（或合取）.

④ 若极小项（或极大项）缺原子命题，则补原子命题.

例如：命题公式p,q组成.

极小项缺命题变元 p,则可用公式 $q \Leftrightarrow q \wedge (p \vee \neg p)$,将 p 补进,并利用分配律展开得极小项.

极大项缺命题变元 p,则可用公式 $q \Leftrightarrow q \vee (p \wedge \neg p)$,将 p 补进,并利用分配律展开得极大项.

⑤ 去掉相同极小项(或极大项),化为主析取范式和主合取范式.

例 4.4-4　用等值演算法求公式 $(p \to q) \to p$ 的主析取范式和主合取范式.

解　$(p \to q) \to p \Leftrightarrow \neg (\neg p \vee q) \vee p$
$$\Leftrightarrow (p \wedge \neg q) \vee p$$
$$\Leftrightarrow p$$
$$\Leftrightarrow p \vee (q \wedge \neg q)$$
$$\Leftrightarrow (p \vee q) \wedge (p \vee \neg q) \quad (\text{主合取范式}).$$

$(p \to q) \to p \Leftrightarrow p$
$$\Leftrightarrow p \wedge (\neg q \vee q)$$
$$\Leftrightarrow (p \wedge \neg q) \vee (p \wedge q) \quad (\text{主析取范式}).$$

例 4.4-5　求公式 $(p \wedge q) \vee r$ 的主析取范式及主合取范式.

解　求主析取范式:

$(p \wedge q) \vee r \Leftrightarrow (p \wedge q \wedge (r \vee \neg r)) \vee ((p \vee \neg p) \wedge (q \vee \neg q) \wedge r)$
$$\Leftrightarrow (p \wedge q \wedge r) \vee (p \wedge q \wedge \neg r) \vee (p \wedge q \wedge r)$$
$$\vee (p \wedge \neg q \wedge r) \vee (\neg p \wedge q \wedge r) \vee (\neg p \wedge \neg q \wedge r)$$
$$\Leftrightarrow (p \wedge q \wedge r) \vee (p \wedge q \wedge \neg r) \vee (p \wedge \neg q \wedge r)$$
$$\vee (\neg p \wedge q \wedge r) \vee (\neg p \wedge \neg q \wedge r).$$

求主合取范式:

$(p \wedge q) \vee r \Leftrightarrow (p \vee r) \wedge (q \vee r)$
$$\Leftrightarrow (p \vee (q \wedge \neg q) \vee r) \wedge ((p \wedge \neg p) \vee q \vee r)$$
$$\Leftrightarrow (p \vee q \vee r) \wedge (p \vee \neg q \vee r) \wedge (p \vee q \vee r) \wedge (\neg p \vee q \vee r)$$
$$\Leftrightarrow (p \vee q \vee r) \wedge (p \vee \neg q \vee r) \wedge (\neg p \vee q \vee r).$$

结论:

(1) 公式的主析取范式和主合取范式都是唯一的.

(2) 若公式 $A \Leftrightarrow 1$ 为永真式,主析取范式由 2^n 个极小项组成.而因为没有成假指派,无极大项,约定主合取范式为 1.

(3) 若公式 $A \Leftrightarrow 0$ 为永假式,主合取范式由 2^n 个极大项组成.而因为没有成真指派,无极小项,约定主析取范式为 0.

4.4.3　主范式的应用

主范式常用于判断命题公式的类型、判断两个命题公式是否等值,以及解决实际问题. 下面对其进行了详细介绍.

1. 判断命题公式的类型

设公式 A 中含 n 个命题变项, 容易看出:

① A 为重言式当且仅当 A 的主析取范式含全部 2^n 个极小项;

② A 为矛盾式当且仅当 A 的主析取范式不含任何极小项, 此时, 记 A 的主析取范式为 0;

③ A 为可满足式当且仅当 A 的主析取范式至少含一个极小项.

例 4.4-6 用公式的主析取范式判断公式的类型.

(1) $\neg(p \to q) \wedge q$;

(2) $p \to (p \vee q)$;

(3) $(p \vee q) \to r$.

解 注意, (1)问、(2)问中含两个命题变项, 演算中极小项含 2 个文字, 而(3)问中公式含 3 个命题变项, 因而极小项应含 3 个文字.

(1) $\neg(p \to q) \wedge q \Leftrightarrow \neg(\neg p \vee q) \wedge q \Leftrightarrow (p \wedge \neg q) \wedge q \Leftrightarrow 0$.

这说明(1)问中公式是矛盾式.

(2) $p \to (p \vee q) \Leftrightarrow \neg p \vee p \vee q$

$\qquad \Leftrightarrow (\neg p \wedge (\neg q \vee q)) \vee (p \wedge (\neg q \vee q)) \vee ((\neg p \vee p) \wedge q)$

$\qquad \Leftrightarrow (\neg p \wedge \neg q) \vee (\neg p \wedge q) \vee (p \wedge \neg q) \vee (p \wedge q)$

$\qquad \quad \vee (\neg p \wedge q) \vee (p \wedge q)$

$\qquad \Leftrightarrow (\neg p \wedge \neg q) \vee (\neg p \wedge q) \vee (p \wedge \neg q) \vee (p \wedge q)$

$\qquad \Leftrightarrow m_0 \vee m_1 \vee m_2 \vee m_3$.

这说明该公式为重言式.

其实, 以上演算到第一步, 就已知该公式等值于 1, 因而它为重言式, 然后根据公式中所含命题变项个数写出全部极小项即可, 即

$$p \to (p \vee q) \Leftrightarrow \neg p \vee p \vee q \Leftrightarrow 1 \Leftrightarrow m_0 \vee m_1 \vee m_2 \vee m_3.$$

(3) $(p \vee q) \to r$

$\qquad \Leftrightarrow \neg(p \vee q) \vee r \Leftrightarrow (\neg p \wedge \neg q) \vee r$

$\qquad \Leftrightarrow (\neg p \wedge \neg q \wedge (\neg r \vee r)) \vee ((\neg p \vee p) \wedge (\neg q \vee q) \wedge r)$

$\qquad \Leftrightarrow (\neg p \wedge \neg q \wedge \neg r) \vee (\neg p \wedge \neg q \wedge r) \vee (\neg p \wedge \neg q \wedge r) \vee (\neg p \wedge q \wedge r)$

$\qquad \quad \vee (p \wedge \neg q \wedge r) \vee (p \wedge q \wedge r)$

$\qquad \Leftrightarrow (\neg p \wedge \neg q \wedge \neg r) \vee (\neg p \wedge \neg q \wedge r) \vee (\neg p \wedge q \wedge r) \vee (p \wedge \neg q \wedge r) \vee (p \wedge q \wedge r)$

$\qquad \Leftrightarrow m_0 \vee m_1 \vee m_3 \vee m_5 \vee m_7$

易知, 该公式是可满足的.

2. 判断两个命题公式是否等值

设公式 A, B 共含有 n 个命题变项, 按 n 个命题变项求出 A 与 B 的主析取范式

A 与 B. 若 $A=B$,则 $A \Leftrightarrow B$,否则 $A \nLeftrightarrow B$.

例 4.4-7　判断下面两组公式是否等值.

(1) p 与 $(p \wedge q) \vee (p \wedge \neg q)$.

(2) $(p \rightarrow q) \rightarrow r$ 与 $(p \wedge q) \rightarrow r$.

解　(1) $p \Leftrightarrow p \wedge (\neg q \vee q)$

$\qquad\qquad \Leftrightarrow (p \wedge \neg q) \vee (p \wedge q)$

$\qquad\qquad \Leftrightarrow m_2 \vee m_3$.

而 $\qquad\qquad\qquad (p \wedge q) \vee (p \wedge \neg q) \Leftrightarrow m_2 \vee m_3$.

二者相同,所以,

$$p \Leftrightarrow (p \wedge q) \vee (p \wedge \neg q).$$

(2) 两公式都含命题变项 p、q、r,因而极小项含 3 个文字.经过演算得到

$$(p \rightarrow q) \rightarrow r \Leftrightarrow m_1 \vee m_3 \vee m_4 \vee m_5 \vee m_7.$$

$$(p \wedge q) \rightarrow r \Leftrightarrow m_0 \vee m_1 \vee m_2 \vee m_3 \vee m_4 \vee m_5 \vee m_7.$$

所以

$$(p \rightarrow q) \rightarrow r \nLeftrightarrow (p \wedge q) \rightarrow r.$$

3. 应用主范式解决实际问题

例 4.4-8　某科研所要从 3 名科研骨干 A、B、C 中挑选 1~2 名出国进修. 由于工作原因,选派时要满足以下条件.

(1) 若 A 去,则 C 同去.

(2) 若 B 去,则 C 不能去.

(3) 若 C 不去,则 A 或 B 可以去.

应用主析取范式,问应如何选派他们去?

解　设 p:派 A 去.

q:派 B 去.

r:派 C 去.

由已知条件可得:

$$(p \rightarrow r) \wedge (q \rightarrow \neg r) \wedge (\neg r \rightarrow (p \vee q))$$

$$\Leftrightarrow (\neg p \wedge \neg q \wedge r) \vee (\neg p \wedge q \wedge \neg r) \vee (p \wedge \neg q \wedge r)$$

$$\Leftrightarrow m_1 \vee m_2 \vee m_5.$$

由于

$$m_1 = \neg p \wedge \neg q \wedge r, \quad m_2 = \neg p \wedge q \wedge \neg r, \quad m_5 = p \wedge \neg q \wedge r.$$

可知,选派方案有 3 种:

① C 去,而 A、B 都不去;

② B 去,而 A、C 都不去;

③ A、C 去,而 B 不去.

4.5　推　理　理　论

4.5.1　命题的蕴涵关系

推理是从前提推出结论的思维过程,**前提**是已知的命题公式,**结论**是从前提出发应用推理规则得到的命题公式.从某些给定的前提出发,按照严格定义的形式规则,推出有效的结论,这样的过程称为**形式证明**或**演绎证明**.

定义 4.5-1　设 $A_1,A_2,\cdots,A_k,B$ 都是命题公式,若 $(A_1 \wedge A_2 \wedge \cdots \wedge A_k) \to B \Leftrightarrow 1$ 为重言式,记作 $(A_1 \wedge A_2 \wedge \cdots \wedge A_k) \Rightarrow B$,则称 $A_1,A_2,\cdots,A_k$ 能推出结论 B,或称 B 是前提集合 $\{A_1,A_2,\cdots,A_k\}$ 的逻辑结论或者有效结论.

所以"$A \Rightarrow B$"就是判断是否"$A \to B \Leftrightarrow 1$".判断方法有前面所讲的真值表法、等值演算法和主范式法.

例 4.5-1　判断如下推理是否有效.

如果天气凉快,小王就不去游泳.天气凉快.所以小王没有游泳.

解　应先将命题符号化.

设 p:天气凉快;q:小王去游泳.

前提:$p \to \neg q,p$.

结论:$\neg q$.

推理的形式结构为 $((p \to \neg q) \wedge p) \Rightarrow \neg q$,要判断其推理是否有效,就要判断 $((p \to \neg q) \wedge p) \to \neg q \Leftrightarrow 1$ 是否正确.

①　方法一,真值表法:作出 $((p \to \neg q) \wedge p) \Rightarrow \neg q$ 的真值表如表 4.5-1 所示.

由其真值表可以看出,最后一列均为 1,即 $((p \to \neg q) \wedge p) \to \neg q \Leftrightarrow 1$,即为重言式,所以 $((p \to \neg q) \wedge p) \Rightarrow \neg q$ 成立,推理有效.

表 4.5-1

p	q	$(\neg q)$	$(p \to \neg q)$	$(p \to \neg q) \wedge p$	$((p \to \neg q) \wedge p) \to \neg q$
0	0	1	1	0	1
0	1	0	1	0	1
1	0	1	1	1	1
1	1	0	0	0	1

②　方法二,等值演算法:$((p \to \neg q) \wedge p) \to \neg q$

$$\Leftrightarrow \neg((\neg p \vee \neg q) \wedge p) \vee \neg q$$

$$\Leftrightarrow \neg(\neg(p \wedge q) \wedge p) \vee \neg q$$

$$\Leftrightarrow ((p \wedge q) \vee \neg p) \vee \neg q$$

$$\Leftrightarrow (p \lor \neg p \lor \neg q) \land (q \lor \neg p \lor \neg q)$$
$$\Leftrightarrow 1 \land 1$$
$$\Leftrightarrow 1$$

即 $((p \to \neg q) \land p) \to \neg q$ 为重言式.

故 $((p \to \neg q) \land p) \Rightarrow \neg q$ 成立,推理有效.

③ 方法三,主析取范式法: $((p \to \neg q) \land p) \to \neg q \Leftrightarrow 1$

$$\Leftrightarrow \sum (0,1,2,3) \text{ 为重言式}$$

故 $((p \to \neg q) \land p) \Rightarrow \neg q$ 成立,推理是有效的.

4.5.2 形式证明

在推理过程中,如果命题变元较多,采用真值表、等值演算和主范式等方法有时不方便. 为此介绍形式证明的方法.

形式证明(formal proof)的推理过程是一个命题序列,其中每一个命题或者是已知命题,或者是由某些前提根据推理规则推出的结论;序列的最后一个命题是需要论证的结论.

要进行正确的推理,需要使用推理规则,下面给出形式证明中的推理规则.

(1) 前提引入规则 P:在证明的任何步骤中,都可以引入前提.

(2) 结论引入规则 T:在证明的任何步骤中,在此之前证明得到的结论都可以作为后续证明的前提引入.

(3) 置换规则 E:在证明任何步骤中,命题公式中的任何子公式都可以用与之等值的命题公式置换,如可以用 $\neg p \lor q$ 置换 $p \to q$ 等.

(4) 代入规则 I:在证明的任何步骤中,重言式的任何一个命题变元都可以用一个命题公式代入,得到的仍是重言式.

(5) CP 规则(附加前提规则):当推出有效结论为条件式 R→C 时,只需将其前件 R 引入到前提中作为附加前提,再去推出后件 C 即可.

除常用以上的推理规则外,形式证明还需用到以下的蕴涵律公式与等值律公式.

(1) 基本永真蕴涵式的推理定律. 常用的如下:

附加规则: $A \Rightarrow A \lor B$;

化简规则: $A, B \Rightarrow A$;

假言推理: $A, A \to B \Rightarrow B$;

拒取式: $\neg B, A \to B \Rightarrow \neg A$;

析取三段论: $\neg B, A \lor B \Rightarrow A$;

假言三段论: $A \to B, B \to C \Rightarrow A \to C$;

合取引入: $A, B \Rightarrow A \land B$;

构造性二难: $A \to B, C \to D, A \lor C \Rightarrow B \lor D$;

$A{\rightarrow}B, \neg A{\rightarrow}B, A \vee \neg A{\Rightarrow}B$；

等价三段论：$A{\leftrightarrow}B, B{\leftrightarrow}C{\Rightarrow}A{\leftrightarrow}C$；

破坏性二难：$A{\rightarrow}B, C{\rightarrow}D, \neg B \vee \neg D{\Rightarrow}\neg A \vee \neg C$.

（2）基本逻辑等值式，定理 4.5-1 说明一个等值式可以产生两个双向推理蕴涵式.

定理 4.5-1　设 A、B 是两个命题公式，若 $A{\Leftrightarrow}B$ 当且仅当 $A{\Rightarrow}B$ 且 $B{\Rightarrow}A$.

证明　必要性：设 $A{\Leftrightarrow}B$，则 $A{\leftrightarrow}B$ 是永真式.

因为 $A{\leftrightarrow}B{\Leftrightarrow}(A{\rightarrow}B) \wedge (B{\rightarrow}A)$，

所以，$A{\rightarrow}B$ 和 $B{\rightarrow}A$ 均为永真式，

即 $A{\Rightarrow}B$ 且 $B{\Rightarrow}A$.

充分性：设 $A{\Rightarrow}B$ 且 $B{\Rightarrow}A$，则 $A{\rightarrow}B$ 和 $B{\rightarrow}A$ 均为永真式，

因此 $A{\leftrightarrow}B$ 是永真式，即 $A{\Leftrightarrow}B$.

双重否定律：	$\neg \neg A{\Leftrightarrow}A$.
幂等律：	$A \vee A{\Leftrightarrow}A$；
	$A \wedge A{\Leftrightarrow}A$.
交换律：	$A \vee B{\Leftrightarrow}B \vee A$；
	$A \wedge B{\Leftrightarrow}B \wedge A$.
结合律：	$(A \vee B) \vee C{\Leftrightarrow}A \vee (B \vee C)$；
	$(A \wedge B) \wedge C{\Leftrightarrow}A \wedge (B \wedge C)$.
分配律：	$A \wedge (B \vee C){\Leftrightarrow}(A \wedge B) \vee (A \wedge C)$；
	$A \vee (B \wedge C){\Leftrightarrow}(A \vee B) \wedge (A \vee C)$.
德·摩根律：	$\neg (A \vee B){\Leftrightarrow}\neg A \wedge \neg B$；
	$\neg (A \wedge B){\Leftrightarrow}\neg A \vee \neg B$.
吸收律：	$A \vee (A \wedge B){\Leftrightarrow}A$；
	$A \wedge (A \vee B){\Leftrightarrow}A$.
蕴涵等值式：	$A{\rightarrow}B{\Leftrightarrow}\neg A \vee B$.
等价等值式：	$A{\leftrightarrow}B{\Leftrightarrow}(A{\rightarrow}B) \wedge (B{\rightarrow}A)$；
	$A \vee 1{\Leftrightarrow}1$；
	$A \wedge 1{\Leftrightarrow}A$；
	$A \vee 0{\Leftrightarrow}A$；
	$A \wedge 0{\Leftrightarrow}0$.
排中律：	$A \vee \neg A{\Leftrightarrow}1$.
矛盾律：	$A \wedge \neg A{\Leftrightarrow}0$.
假言易位：	$A{\rightarrow}B{\Leftrightarrow}\neg B{\rightarrow}\neg A$.
归谬论：	$(A{\rightarrow}B) \wedge (A{\rightarrow}\neg B){\Leftrightarrow}\neg A$.

下面我们通过例题来说明如何构造形式证明，形式证明常用方法有直接证明法、

附加前提法与归谬法.

1. 直接证明法

直接采用前面的规则进行形式证明的方法,称为**直接证明法**.

例 4.5-2　用直接证明法构造下面推理的形式证明:

$$p \lor q, p \to \neg r, s \to t, \neg s \to r, \neg t \Rightarrow q.$$

以上形式可以写成以下的等效形式.

前提:$p \lor q, p \to \neg r, s \to t, \neg s \to r, \neg t$.

结论:q.

证明　① $s \to t$　　　　　(P).

　　　　② $\neg t$　　　　　　(P).

　　　　③ $\neg s$　　　　　　(T①、②拒取式).

　　　　④ $\neg s \to r$　　　　(P).

　　　　⑤ r　　　　　　(T③、④假言推理).

　　　　⑥ $p \to \neg r$　　　　(P).

　　　　⑦ $\neg p$　　　　　　(T⑤、⑥拒取式).

　　　　⑧ $p \lor q$　　　　　(P).

　　　　⑨ q　　　　　　(T⑦、⑧析取三段论).

在形式证明的实际应用中,有时候为了使证明过程给人以更清晰的认识,往往在证明后附上证明(推理)树.例如本题的证明树如图 4.5-1 所示.它的做法是,把证明(推理)过程中作为前提的标号作为树叶,每一步用线相连,得到的相应结论的标号作为相应的结点,直到最后一步的结论作为树根.

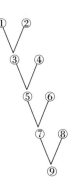

图 4.5-1

例 4.5-3　写出下面推理的形式证明:如果今天是星期一,则要进行英语或离散数学考试.如果今天英语老师有会议要参加,则不考英语.今天是星期一.英语老师有会议要参加.所以今天进行离散数学考试.

解　符号化题目中的命题,设 p:今天是星期一.

q:进行英语考试.

r:进行离散数学考试.

s:英语老师有会议要参加.

前提:$p \to (q \lor r), s \to \neg q, p, s$.

结论:r.

证明:① $p \to (q \lor r)$　　　　(P).

② p　　　　　　　　(P).

③ $q \lor r$　　　　　　(T①、②假言推理).

④ $s \to \neg q$　　　　　(P).

⑤ s (P).

⑥ $\neg q$ (T④、⑤假言推理).

⑦ r (T③、⑥析取三段论).

由有效推理可知,今天进行离散数学考试.其证明树如图 4.5-2 所示.

在上面的例子中,采用前面的规则进行形式证明的方法,通常也称为直接证明法.在形式证明中,有时可采用一定的技巧,使证明过程简化.

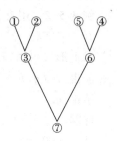

图 4.5-2

2. 附加前提法

证明类似 $(A_1 \wedge A_2 \wedge \cdots \wedge A_k) \Rightarrow (A \rightarrow B)$ 问题时,我们常采用这种方法.**附加前提法**是将结论中蕴涵前件作为一个附加前提来证明结论中蕴涵式中的后件是有效逻辑结论.

这种方法是可以保证整个推理正确的.

$$(A_1 \wedge A_2 \wedge \cdots \wedge A_k) \rightarrow (A \rightarrow B)$$
$$\Leftrightarrow \neg (A_1 \wedge A_2 \wedge \cdots \wedge A_k) \vee (\neg A \vee B)$$
$$\Leftrightarrow \neg (A_1 \wedge A_2 \wedge \cdots \wedge A_k \wedge A) \vee B$$
$$\Leftrightarrow (A_1 \wedge A_2 \wedge \cdots \wedge A_k \wedge A) \rightarrow B.$$

根据置换原则可知,上式最后一个式子为重言式与第一个式子为重言式是等值的.

通常我们把这个结论在运用于形式证明时称为 CP 规则.

例 4.5-4 用附加前提法证明:$p \rightarrow (q \rightarrow r)$,$\neg s \vee p$,$q \Rightarrow s \rightarrow r$.

前提:$p \rightarrow (q \rightarrow r)$,$\neg s \vee p$,$q$.

结论:$s \rightarrow r$.

证明 ① s (附加前提引入).

② $\neg s \vee p$ (前提引入).

③ p (①、②析取三段论).

④ $p \rightarrow (q \rightarrow r)$ (前提引入).

⑤ $q \rightarrow r$ (③、④假言推理).

⑥ q (前提引入).

⑦ r (⑤、⑥假言推理).

⑧ $s \rightarrow r$ (①、⑦CP规则).

3. 归谬法

归谬法是将结论的否定作为前提引入,通过有效推理得到矛盾,以此说明推理正确.

设 A_1,A_2,$\cdots$,A_k 是 k 个命题公式前提,B 是逻辑结论,即 $(A_1 \wedge A_2 \wedge \cdots \wedge A_k) \rightarrow B$ 是重言式.因 $(A_1 \wedge A_2 \wedge \cdots \wedge A_k) \rightarrow B \Leftrightarrow \neg (A_1 \wedge A_2 \wedge \cdots \wedge A_k) \vee B$

$$\Leftrightarrow \neg(A_1 \wedge A_2 \wedge \cdots \wedge A_k \wedge \neg B),$$

所以,要使$(A_1 \wedge A_2 \wedge \cdots \wedge A_k) \to B$是重言式,$(A_1 \wedge A_2 \wedge \cdots \wedge A_k \wedge \neg B)$必须为矛盾式,得到$B$是公式$A_1, A_2, \cdots, A_k$的逻辑结论,故应用这种方法推理构造有效.

例 4.5-5　用归谬法证明.

前提:$p \to q, \neg(q \vee r)$.

结论:$\neg p$.

证明　① p　　　　　　　　(P 否定结论引入).

② $p \to q$　　　　　　　(P).

③ q　　　　　　　　　(T①、②假言推理).

④ $\neg(q \vee r)$　　　　　　(P).

⑤ $\neg q \wedge \neg r$　　　　　　(E④等值).

⑥ $\neg q$　　　　　　　　(T⑤化简).

⑦ $q \wedge \neg q$　　　　　　(T③、⑥合取).

由⑦得到矛盾,根据归谬法可知推理正确.

4.6　命题逻辑的应用

数理逻辑是用数学方法研究思维规律的一门学科,包括命题逻辑、谓词逻辑和推理理论等.命题逻辑中的联结词广泛应用在大量信息的检索、逻辑运算和位运算中.例如,目前大部分网页检索引擎都支持布尔检索,使用 NOT、AND、OR 等联结词进行检索有助于快速找到特定主题的网页,信息在计算机内都表示为 0 或 1 构成的位串,通过对位串的运算可以对信息进行处理,计算机字位的运算与逻辑中的联结词的运算规则是一致的,掌握了联结词的运算为计算机信息的处理提供了很好的知识基础.

离散数学中的命题逻辑部分也为数字逻辑提供了重要的数学基础,而数字逻辑为计算机硬件中的电路设计提供了重要理论,利用命题中各关联词的运算规律把由高低电平表示的各信号之间的运算与二进制数之间的运算联系起来,使得我们可以用数学的方法来解决电路设计问题,使得整个设计过程变得更加直观,更加系统化.

本 章 总 结

本章介绍了命题逻辑的基本概念和基本理论,知识点包括如下几部分.

(1) 命题的概念及其符号化,包括联结词:否定、析取、合取、蕴涵、等价.

(2) 命题的类型:重言式、矛盾式、可满足式.

(3) 命题公式的等值式,重点是等值公式.

（4）利用已知等值式对命题进行等值演算、证明.

（5）命题的主范式（主析取范式、主合取范式）.

（6）命题的推理证明，主要是构造证明法.

本章需要重点掌握如下内容：

（1）能够将命题符号化；

（2）熟悉命题公式的等值式，掌握命题公式的等值演算与证明；

（3）能够判断命题公式的类型；

（4）掌握求命题公式主范式的方法，知道主范式的作用；

（5）掌握命题推理的三种构造证明法.

习　　题

1. 判断下面是否是命题，若是命题则请将其符号化.

（1）我一边看书一边听音乐.

（2）天下雨了，我不去上街了.

（3）除非你努力，否则你就会失败.

（4）武汉到北京的列车的开车时间是中午十二点半或下午五点五十分.

（5）优秀学生应做到思想、身体、学习都好.

（6）张静爱唱歌或爱听音乐.

（7）张静是湖北人或福建人.

2. 写出五个联结词的原子真值表.

3. 将下列命题符号化，并指出各复合命题的真值.

（1）如果 $3+3=6$，则雪是白的.

（2）如果 $3+3\neq6$，则雪是白的.

（3）如果 $3+3=6$，则雪不是白的.

（4）如果 $3+3\neq6$，则雪不是白的.

4. 将下列命题符号化，并讨论它们的真值.

（1）$\sqrt{3}$ 是无理数当且仅当加拿大位于亚洲.

（2）$2+3=5$ 的充要条件是 $\sqrt{3}$ 是无理数.

5. 设 $p:2+3=5$.

q：大熊猫产在中国.

r：复旦大学在广州.

求下列复合命题的真值：

（1）$(p\leftrightarrow q)\rightarrow r$；

（2）$(r\rightarrow(p\wedge q))\leftrightarrow\neg p$；

（3）$\neg r\rightarrow(\neg p\vee\neg q\vee r)$；

(4) $(p \wedge q \wedge \neg r) \leftrightarrow ((\neg p \vee \neg q) \rightarrow r)$.

6. 用真值表判断下列公式的类型.

(1) $p \rightarrow (p \vee q \vee r)$.

(2) $(p \rightarrow \neg q) \rightarrow \neg q$.

(3) $\neg (q \rightarrow r) \wedge r$.

(4) $(p \rightarrow q) \rightarrow (\neg q \rightarrow \neg p)$.

(5) $(p \wedge r) \leftrightarrow (\neg p \wedge \neg q)$.

7. 设命题 A_1, A_2 的真值为 $1, A_3, A_4$ 两命题的真值为 0,求下列命题的真值.

(1) $(A_1 \wedge (A_2 \wedge A_3)) \vee \neg ((A_1 \vee A_2) \wedge (A_3 \vee A_4))$.

(2) $\neg (A_1 \wedge A_2) \vee \neg A_3 \vee (((\neg A_1 \vee A_2) \vee \neg A_3) \wedge A_4)$.

(3) $\neg (A_1 \wedge A_2) \vee \neg A_3 \vee ((A_3 \leftrightarrow \neg A_1) \rightarrow (A_3 \vee \neg A_4))$.

(4) $(A_1 \vee (A_2 \rightarrow (A_3 \wedge \neg A_1))) \leftrightarrow (A_2 \vee \neg A_4)$.

8. 证明:

(1) $(p \wedge \neg p) \leftrightarrow (q \wedge \neg q)$ 为永真式;

(2) $\neg (p \rightarrow q) \wedge q \wedge r$ 为永假式.

9. 用真值表法证明下面等值式.

(1) $\neg (p \leftrightarrow q) \Leftrightarrow (p \vee q) \wedge \neg (p \wedge q)$.

(2) $(p \wedge \neg q) \vee (\neg p \wedge q) \Leftrightarrow (p \vee q) \wedge \neg (p \wedge q)$.

10. 用等值演算法证明下面等值式.

(1) $\neg (p \leftrightarrow q) \Leftrightarrow (p \vee q) \wedge \neg (p \wedge q)$.

(2) $(p \wedge \neg q) \vee (\neg p \wedge q) \Leftrightarrow (p \vee q) \wedge \neg (p \wedge q)$.

11. 用真值表法判断下列公式的类型.

(1) $p \rightarrow (p \vee q \vee r)$.

(2) $(p \rightarrow \neg q) \rightarrow \neg q$.

12. 用等值演算法判断下列公式的类型.

(1) $p \rightarrow (p \vee q \vee r)$.

(2) $(p \rightarrow \neg q) \rightarrow \neg q$.

13. 用真值表法求下列公式的主析取范式与主合取范式.

(1) $(\neg p \rightarrow q) \rightarrow (\neg q \vee p)$.

(2) $\neg (p \rightarrow q) \wedge q \wedge r$.

(3) $(p \vee (q \wedge r)) \rightarrow (p \vee q \vee r)$.

14. 用等值演算法求下列公式的主析取范式与主合取范式.

(1) $(\neg p \rightarrow q) \rightarrow (\neg q \vee p)$.

(2) $\neg (p \rightarrow q) \wedge q \wedge r$.

(3) $(p \vee (q \wedge r)) \rightarrow (p \vee q \vee r)$.

15. 用主析取范式判断下列公式是否等值.

(1) $(p \rightarrow q) \rightarrow r$ 与 $q \rightarrow (p \rightarrow r)$.

(2) $\neg (p \wedge q)$ 与 $\neg (p \vee q)$.

16. 用主合取范式判断下列公式是否等值.

(1) $p \rightarrow (q \rightarrow r)$ 与 $\neg (p \wedge q) \vee r$.

(2) $p \rightarrow (q \rightarrow r)$ 与 $(p \rightarrow q) \rightarrow r$.

17. 求下面公式的对偶式.

(1) $(\neg (p \vee q) \rightarrow r)$.

(2) $p \leftrightarrow q$.

(3) $(p \vee q) \rightarrow (\neg q \leftrightarrow 1)$.

18. 某电路中有一个灯泡和三个开关 A、B、C. 已知在且仅在下述四种情况下灯亮.

(1) C 的开关键向上,A、B 的开关键向下.

(2) A 的开关键向上,B、C 的开关键向下.

(3) B、C 的开关键向上,A 的开关键向下.

(4) A、B 的开关键向上,C 的开关键向下.

设 F 为 1 表示灯亮,p、q、r 分别表示 A,B,C 的开关键向上.

求 F 的主析取范式.

19. 用真值表法判断如下推理是否有效.

(1) 前提:$p \rightarrow q, q \rightarrow \neg r$.

　　结论:$r \rightarrow \neg p$.

(2) 前提:$p \vee q, \neg p$.

　　结论:q.

20. 用等值演算法判断如下推理是否有效.

(1) 前提:$p \rightarrow q, q \rightarrow \neg r$.

　　结论:$r \rightarrow \neg p$.

(2) 前提:$p \vee q, \neg p$.

　　结论:q.

21. 用主析取范式法判断如下推理是否有效.

(1) 前提:$p \rightarrow q, q \rightarrow \neg r$.

　　结论:$r \rightarrow \neg p$.

(2) 前提:$p \vee q, \neg p$.

　　结论:q.

22. 用直接证明法构造下面推理的证明.

(1) 前提:$p \rightarrow q, \neg (q \wedge r), r$.

　　结论:$\neg p$.

(2) 前提:$p \vee q, q \rightarrow r, p \rightarrow s, \neg s$.

结论:$r \wedge (p \vee q)$.

(3) 前提:$\neg p \vee q, r \vee \neg q, r \rightarrow s$.

结论:$p \rightarrow s$.

23. 用附加前提法证明下面各推理.

(1) 前提:$p \rightarrow (q \rightarrow r), s \rightarrow p, q$.

结论:$s \rightarrow r$.

(2) 前提:$(p \vee q) \rightarrow (r \wedge s), (s \vee t) \rightarrow u$.

结论:$p \rightarrow u$.

24. 用归谬法证明下面推理.

(1) 前提:$p \rightarrow \neg q, \neg r \vee q, r \wedge \neg s$.

结论:$\neg p$.

(2) 前提:$p \vee q, p \rightarrow r, q \rightarrow s$.

结论:$r \vee s$.

25. 构造下面推理的证明.

(1) 如果小王是理科学生,他要学好数学;如果小王不是文科生,他必是理科生;小王没学好数学,所以,小王是文科生.

(2) 明天是晴天,或是雨天.若明天是晴天,我就去看电影;若我看电影,我就不看书.所以,如果我看书,则明天是雨天.

兴 趣 阅 读

数理逻辑又称符号逻辑、理论逻辑,其主要包括命题逻辑与谓词逻辑,它是用数学方法研究逻辑或形式逻辑的学科,它既是数学的一个分支,又是逻辑学的一个分支.其研究对象是对证明和计算这两个直观概念进行符号化以后的形式系统.数理逻辑是数学基础的一个不可缺少的组成部分.

迄今为止,数理逻辑已有几百余年的历史,但它同任何一门学科一样,也经历了一个发生和发展的过程.当时古典形式逻辑的不足之处已为某些逻辑学者所理解.数学方法对认识自然和发展科学技术已显示出重要作用.人们感到演绎推理和数学计算有相似之处,希望能把数学方法推广到思维的领域.它最初是作为"运用数学方法的逻辑"产生的,主要是在数学等演绎科学发展的基础上为适应他们的表述和论证的需要而兴起的,随后由于数学的发展正式提出并要求认真解决数学的逻辑和哲学基础问题,于是数理逻辑又发展成了"关于数学的逻辑",并且与数学基础理论相结合,形成了一门数学科学.具体地讲数理逻辑的产生和发展大致分为以下三个阶段.

第一阶段——从 17 世纪 60 年代到 19 世纪 80 年代.此阶段开始采用数学方法研究和处理形式逻辑.当时的古典形式逻辑不足之处已为某些逻辑学者所理解.人们感到演绎推理和数学计算有相似之处,希望能把数学方法推广到思维的领域.数理逻辑的先驱莱布尼兹首先明确地提出了数理逻辑的指导思想. 他设想能建立一种"普遍的符号语言",这种语言包含着"思想的字母",每一基本概念应由一表意符号来表示. 一种完善的符号语言又应该是一个"思维的演算",他设想,论辩或争论可以用演算来解决. 莱布尼兹提出的这种符号语言和思维演算正是现代数理逻辑的主要特证. 他成功地将古典逻辑的四个简单命题表达为符号公式. 而 19 世纪中叶,英国数学家和逻辑学家乔治·布尔相当成功地建立了一个逻辑演算系统,被视为数理逻辑的第二个创始人. 他所建立的逻辑代数式是数理逻辑的早期形式,他主张使用"类"来处理思维形式,判断则表示"类"与"类"之间的关系,他所创立的逻辑是"类"的逻辑,亦称"类的代数". 他还创立了"命题代数",而这两种代数是今天数理逻辑的基本部分,即有名的"布尔代数". 在此阶段研究的中心问题主要是运用一些初级的数学方法如符号和简单的代数方法来处理古典逻辑中演绎推理的形式和规律. 将逻辑进一步形式化,用代数的方法,把命题的形式结构用符号和公式来表达,把推理中前提与结论之间的关系转换为公式与公式之间的运算,从而推动逻辑学的发展.

第二阶段——从 19 世纪 80 年代到 20 世纪 30 年代. 在此阶段的前半时期,已经发现了逻辑演算系统. 首先由德国数学家和逻辑学家弗雷格先引进和使用了量词和约束变元,并完备发展了命题演算和谓词演算,建立了第一个比较严格的逻辑演算系统,并且经过多国数学家的研究和发展,最终形成了数理逻辑的三大派:第一,逻辑主义派;第二,直觉主义派;第三,形式主义派. 在此阶段研究的中心问题是把初等数论和集合论等数学方法运用到逻辑上. 并且许多数学家和逻辑学家开始研究和讨论悖论问题,研究数学及处理无穷问题、证明论、公理方法等问题,这些问题的研究对于演绎科学方法是一个大的飞跃.

第三阶段——从 20 世纪 30 年代末到今天. 20 世纪 30 年代所创建的那些方法在 20 世纪 40 年代后得到了进一步的迅速发展,取得的成就是多方面的,它已经形成了自己的理论体系,即数理逻辑的五大部分:逻辑演算、证明论、集合论、模型论、递归论. 由于技术的发展,在此阶段的数理逻辑成为计算机科学的基础理论之一,研究的中心问题主要是围绕着语义和形式系统的语法,并将这些研究应用在计算机科学上,解决计算机软件的语言设计问题等.

总之数理逻辑是我们今天科学的建立和发展的基础,是推动社会发展的动力因素,是计算机科学发展的重要基础,对数学以及其他学科的发展都有着重大的意义.

第 5 章 谓词逻辑

在命题逻辑中,将简单命题作为基本研究单位,不再对它进行分解,因而无法揭示原子命题内部的特征.因此,命题逻辑的推理中存在着很大的局限性,这使得要表达"某两个原子公式之间有某些共同的特点"或者是要表达"两个原子公式的内部结构之间的联系"等事实是不可能的.此外,有些简单的推理形式,如典型的逻辑三段论,用命题演算的推理理论无法验证它的正确性,例如:凡偶数都能被 2 整除,6 是偶数,所以,6 能被 2 整除.

这个推理是我们公认的数学推理中的真命题,但是在命题逻辑中却无法判断它的正确性.因为在命题逻辑中只能将推理中出现的三个简单命题依次符号化为 p、q、r,将推理的形式结构符号化为 p、$q \Rightarrow r$,即 $(p \land q) \rightarrow r$ 应为永真公式,但由于不是重言式,所以不能由它判断推理的正确性.为了克服命题逻辑的局限性,就应该将简单命题再细分,分析出个体词、谓词和量词,以期达到表达出个体与总体的内在联系和数量关系,这就是谓词逻辑所研究的内容.本章在命题逻辑的基础上,引入个体词、谓词和量词等,研究它们的形式结构及逻辑关系,介绍相应的推理理论.

5.1 谓词逻辑的基本概念

在命题逻辑中,命题是能够判断真假的陈述句,从语法上分析,一个陈述句由主语和谓语两部分组成.以下通过例子来说明.例如:

张明是大学生.

李天是大学生.

在命题逻辑中,若用命题 P、Q 分别表示上述两句话,则 P、Q 显然是两个毫无关系的命题,无法显示他们之间的共同特征.但是,这两个命题有一个共同特征:"是大学生".因此,若将句子分解成"主语+谓语",同时将相同的谓语部分抽取出来,则可表示这一类的语句.此时,若用 P 表示"是大学生".P 后紧跟"某某人".

则上述两个句子可写为:P(李天)和 P(张明).

因此,揭示了命题内部结构及其命题的内部结构的联系,就按照这两部分对命题进行分析,分解成主语和谓语.

5.1.1 个体词

个体词是指所研究对象中可以独立存在的具体的或抽象的客体.将表示具体或

特定的客体的个体词称作**个体常项**,例如:小王、小李、中国、$\sqrt{2}$、3 等都可以作为个体常项,一般用小写英文字母 $a,b,c,\cdots$ 表示.而将表示抽象或泛指的个体词称为**个体变项**,例如:人、植物等都可以作为个体变项,常用 $x,y,z,\cdots$ 表示.

个体变项的取值范围称为**个体域**(或**论述域**).由宇宙间一切事物组成的,称为**全总个体域**.当无特殊声明时,默认个体域为全总个体域.

5.1.2 谓词

谓词是用来刻画个体的性质及个体之间相互关系的词.同个体词一样,谓词也有常项和变项之分.表示具体性质或关系的谓词称为**谓词常项**;表示抽象的、泛指的性质或关系的谓词称为**谓词变项**.无论是谓词常项或谓词变项都用大写英文字母 F,G,H,$\cdots$ 表示,可根据上下文区分.

例 5.1-1 指出下面命题的个体常项、个体变项、谓词常项、谓词变项.

(1) $\sqrt{2}$ 是无理数.

(2) x 是有理数.

(3) 小王与小李同岁.

(4) x 与 y 具有关系 L.

解 (1) $\sqrt{2}$ 是个体常项,"$\cdots$是无理数"是谓词常项,记为 F,并用 $F(\sqrt{2})$ 表示(1)问中命题.

(2) x 是个体变项,"$\cdots$是有理数"是谓词常项,记为 G,用 $G(x)$ 表示(2)问中命题.

(3) 小王与小李都是个体常项,"$\cdots$与$\cdots$同岁"是谓词常项,记为 H,则(3)问中命题符号化形式为 $H(a,b)$,其中,a:小王;b:小李.

(4) x、y 为两个个体变项,L 是谓词变项,(4)问的符号化形式为 $L(x,y)$.

一般地,用 $F(a)$ 表示个体常项 a 具有性质 F(F 是谓词常项或谓词变项),用 $F(x)$ 表示个体变项 x 具有性质 F,而用 $F(a,b)$ 表示个体常项 a,b 具有关系 F,用 $F(x,y)$ 表示个体变项 x、y 具有关系 F.更一般地,$P(x_1,x_2,\cdots,x_n)$ 表示含 $n(n\geqslant1)$ 个个体变项,称为 **n 元谓词**.它可看成命题函数,但不是命题.要想使它成为命题,必须用谓词常项取代 P,用个体常项 $a_1,a_2,\cdots,a_n$ 取代 $x_1,x_2,\cdots,x_n$,得到的 $P(a_1,a_2,\cdots,a_n)$ 才是命题.

注意:n 元谓词公式中个体的顺序是重要的,顺序变了,谓词公式的含义也变了.

有时候将不带个体变项的谓词称为 **0 元谓词**,例如,$F(a)$、$G(a,b)$、$P(a_1,a_2,\cdots,a_n)$ 等都是 0 元谓词.当 F,G,P 为谓词常项时,0 元谓词为命题.这样一来,命题逻辑中的命题均可以表示成 0 元谓词,因而可以将命题看成特殊的谓词.

例 5.1-2 将下列命题在谓词逻辑中用 0 元谓词符号化,并讨论它们的真值.

(1) 只有 2 是奇数,4 才是奇数.

(2) 如果 5 大于 4,则 4 大于 6.

解　(1) 设一元谓词 $F(x)$:x 是奇数,a:2,b:4.(1)问中命题符号化为 0 元谓词的蕴涵式:$F(b) \rightarrow F(a)$,由于此蕴涵前件为假,所以(1)问中命题为真.

(2) 设二元谓词 $G(x,y)$:x 大于 y,a:4,b:5,c:6.$G(b,a)$ 和 $G(a,c)$ 是两个 0 元谓词,把(2)问中命题符号化为 $G(b,a) \rightarrow G(a,c)$,由于 $G(b,a)$ 为真,$G(a,c)$ 为假,所以(2)问中命题为假.

5.1.3　量词

有了个体词和谓词之后,有些命题还是不能准确地符号化,原因是还缺少表示个体常项或变项之间数量关系的词.

量词是表示个体常项或变项之间数量关系的词.量词可分两种:全称量词和存在量词.

1. 全称量词

日常生活和数学中所用的"一切的""所有的""每一个""任意的""凡"和"都"等词可统称为**全称量词**,将它们符号化为"$\forall$".并用 $\forall x$、$\forall y$ 等表示个体域里的所有个体,而用 $\forall x F(x)$、$\forall y G(y)$ 等分别表示个体域里所有个体都有性质 F 和都有性质 G.

2. 存在量词

日常生活和数学中所用的"存在""有一个""有的"和"至少有一个"等词统称为**存在量词**,将它们都符号化为"$\exists$".并用 $\exists x$、$\exists y$ 等表示个体域里有的个体,而用 $\exists x F(x)$、$\exists y G(y)$ 等分别表示个体域里存在个体具有性质 F 和存在个体具有性质 G 等.

例 5.1-3　在个体域分别限制为(a)和(b)条件时,将下面两个命题符号化.

(1) 凡人都呼吸.

(2) 有的人用左手写字.

其中:(a) 个体域 D_1 为人类集合;(b) 个体域 D_2 为全总个体域.

解　(a) 令 $F(x)$:x 呼吸;$G(x)$:x 用左手写字.

(1) 在 D_1 中除了人外,再无别的东西,因而"凡人都呼吸"应符号化为 $\forall x F(x)$.

(2) 在 D_1 中的有些个体(人)用左手写字,因而"有的人用左手写字"符号化为 $\exists x G(x)$.

(b) D_2 中除了有人外,还有万物,因而在(1)、(2)问符号化时,必须考虑将人分离出来.令 $M(x)$:x 是人.在 D_2 中,(1)、(2)问可以分别重述如下:① 对于宇宙间一切事物而言,如果事物是人,则他要呼吸;② 在宇宙间存在着用左手写字的人.于是(1)、(2)问的符号化形式分别为 $\forall x(M(x) \rightarrow F(x))$,$\exists x(M(x) \wedge G(x))$,其中,$F(x)$

与 $G(x)$ 的含义同(a).

由例 5.1-3 可知,命题(1)、(2)在不同的个体域 D_1 和 D_2 中符号化的形式不一样. 主要区别在于,在使用个体域 D_2 时,要将人与其他事物区分开来. 为此引进了谓词 $M(x)$,像这样的谓词称为**特性谓词**. 在命题符号化时一定要正确使用特性谓词.

在全总个体域进行命题符号化时,一般必须引入特性谓词,规则如下.

(1) 对于 $\forall$,特性谓词后跟 $\rightarrow$ 一起使用,如 $\forall x(M(x) \rightarrow F(x))$,其中,$M(x)$ 是特性谓词,$F(x)$ 是命题中的实际谓词.

(2) 对于 $\exists$,特性谓词后跟 $\wedge$ 一起使用,如 $\exists x(M(x) \wedge G(x))$,其中,$M(x)$ 是特性谓词,$G(x)$ 是命题中的实际谓词.

对量词的说明如下.

(1) 不含量词的谓词公式 $G(x)$ 不是命题,而是命题函数,其真值依赖于不同的个体词.

(2) 对于一个谓词,若每个个体词变量均在量词的管辖下,则该表达式不是命题函数,而是命题,它有确定的真值.

例如,假设个体域 $D = \{a, b, c\}$,则

$$\forall x G(x) \Leftrightarrow G(a) \wedge G(b) \wedge G(c); \quad \exists x G(x) \Leftrightarrow G(a) \vee G(b) \vee G(c).$$

具有确定的真值,变成命题,而不是命题函数.

(3) 约定是出现在量词前面的否定,不是否定该量词,而是否定被量化了的整个命题.

(4) 当个体域有限,一个谓词公式包含多个量词时,前面量词管辖后面的量词,可从里向外根据方法将量词逐个消去.

例如,设个体域 $D_{x,y} = \{0, 1\}$,将 $\exists x(\forall y F(x, y) \vee G(x))$ 转换成消去量词的形式.

则 $\exists x(\forall y F(x, y) \vee G(x)) \Leftrightarrow \exists x((F(x, 0) \wedge F(x, 1)) \vee G(x))$
$$\Leftrightarrow ((F(0, 0) \wedge F(0, 1)) \vee G(0)) \vee$$
$$((F(1, 0) \wedge F(1, 1)) \vee G(1)).$$

5.1.4 命题符号化

把一个文字叙述的命题用谓词公式表示出来的过程称作**谓词逻辑符号化**,其一般步骤如下.

① 正确理解给定命题,必要时可适当加以改叙,使其中的原子命题的关系更明显.

② 把每个原子命题分解成个体词,谓词和量词;在全总个体域中讨论时要给出特性谓词.

③ 找出适当量词,注意 $\forall$ 后特性谓词跟蕴涵词,$\exists$ 后特性谓词跟合取词.

例 5.1-4　将下列命题符号化.

（1）兔子比乌龟跑得快.

（2）有的兔子比所有的乌龟跑得快.

（3）并不是所有的兔子都比乌龟跑得快.

（4）不存在跑得同样快的兔子与乌龟.

解　本题没有指明个体域,因而采用全总个体域.因为本例中出现二元谓词,因而引入两个个体变项 x 与 y.令 $F(x)$：x 是兔子,$G(y)$：y 是乌龟,$H(x,y)$：x 比 y 跑得快,$L(x,y)$：x 与 y 跑得一样快.这 4 个命题分别符号化为：

（1）$\forall x \forall y(F(x) \wedge G(y) \rightarrow H(x,y))$；

（2）$\exists x(F(x) \wedge \forall y(G(y) \rightarrow H(x,y)))$；

（3）$\neg \forall x \forall y(F(x) \wedge G(y) \rightarrow H(x,y))$；

（4）$\neg \exists x \exists y(F(x) \wedge G(y) \wedge L(x,y))$.

注意,在含有量词的命题进行符号化时,有必要指出以下几点：

（1）如果事先没有给出个体域,应以全总个体域作为个体域,需要加入特性谓词.

（2）当在选取不同个体域时,命题符号化的形式也可能是不一样的.

（3）个体域和谓词含义确定之后,n 元谓词要转化为命题至少需要 n 个量词.

（4）当个体域为有限集时,如 $D=\{a_1,a_2,\cdots,a_n\}$,对于任意谓词 $A(x)$,都有：
$$\forall xA(x) \Leftrightarrow A(a_1) \wedge A(a_2) \wedge \cdots \wedge A(a_n)；$$
$$\exists xA(x) \Leftrightarrow A(a_1) \vee A(a_2) \vee \cdots \vee A(a_n).$$

即全称量词可看作是合取联结词的推广,存在量词可看作是析取联结词的推广.

（5）多个量词同时出现时,不能随意颠倒它们的顺序,否则将可能改变原命题的含义.

例如,"对于任意的 x,存在 y,使得 $x+y=6$".取个体域为实数集,符号化为：$\forall x \exists yH(x,y)$,其中,$H(x,y)$ 表示"$x+y=6$",显然这是一个真命题.

如果将量词的顺序颠倒,即为 $\exists y \forall xH(x,y)$,则其含义就变为"存在 y,对于任意 x,都有 $x+y=6$",这就和原来的语句背道而驰,根本找不到这样的 y,所以成了假命题.

5.2　谓词公式与类型

5.2.1　谓词公式

不出现命题联结词和量词的谓词命名式称为**谓词原子公式**.

由下列递归规则生成的公式称为**谓词公式**：

（1）单个谓词原子公式是谓词公式；

（2）若 A 和 B 是谓词公式，则 $\neg A$、$A \wedge B$、$A \vee B$、$A \rightarrow B$、$A \leftrightarrow B$、$\forall x A$、$\exists x A$ 是谓词公式；

（3）只有有限步应用（1）和（2）间生成的公式才是谓词公式.

由上述定义，命题演算公式也是谓词演算公式.

例 5.2-1　$L(x,y)$、$\forall x(M(x) \rightarrow D(x))$、$\exists x A(x) \wedge B$、$\forall x \exists y(B(x,y) \wedge M(y))$、$\exists y L(3,2) \rightarrow \forall x L(x,2)$ 都是谓词公式，其中，$\forall x \exists y(B(x,y) \wedge M(y))$ 是 $\forall x(\exists y(B(x,y) \wedge M(y)))$ 的简写.

注意，$\exists y L(3,2)$ 也是公式，尽管 $L(3,2)$ 中没有变元 y. $\exists y L(3,2)$ 被理解为 $L(3,2)$. 一般地，当 A 中无变元 x 时，$\forall x A$，$\exists x A$，均看作与 A 相同.

在谓词公式中，紧跟在 $\forall x$ 或者 $\exists x$ 后面并用圆括号括起来的公式，或者没有圆括号括着的一个原子公式，称为相应量词的**辖域**.

其中，$\forall x$ 或者 $\exists x$ 中的变元 x 称为相应量词的**指导变元**，在量词辖域中出现的与指导变元相同的变元称为**约束变元**，相应变元的出现称为约束出现，在一公式中，变元的非约束出现叫作变元的自由出现，称这样的变元为**自由变元**.

判定公式中的个体变元是约束变元还是自由变元，关键在于看它是约束出现还是自由出现.

例 5.2-2　指出下列谓词公式中的指导变元、量词辖域、个体变元自由出现或约束出现.

（1）$\exists x(F(x) \wedge G(x,y))$.

（2）$\forall x F(x) \rightarrow \exists y G(x,y)$.

（3）$\forall x F(x) \vee \exists x G(x,y)$.

解　（1）整个谓词公式中只有一个量词. 其中，x 是指导变元，"$\exists x$"的辖域为 $F(x) \wedge G(x,y)$，其中，$F(x)$ 中 x 约束出现，$G(x,y)$ 中 x 约束出现，y 自由出现.

（2）整个公式有两个量词. $\forall x F(x)$ 中 x 是指导变元，"$\forall x$"的辖域为 $F(x)$，其中 x 约束出现；$\exists y G(x,y)$ 中 y 是指导变元，"$\exists y$"的辖域为 $G(x,y)$，其中，x 自由出现，y 约束出现.

整个公式中，x 约束出现 1 次，自由出现 1 次，y 约束出现 1 次.

（3）整个公式有两个量词. $\forall x F(x)$ 中 x 是指导变元，"$\forall x$"的辖域为 $F(x)$，其中 x 约束出现；$\exists x G(x,y)$ 中 x 是指导变元，"$\exists x$"的辖域为 $G(x,y)$，其中，x 约束出现，y 自由出现.

整个公式中，x 约束出现 2 次，y 自由出现 1 次.

从以上讨论可知，在一个公式中，某一个体变元既可以自由出现，又可以约束出现，如例 5.2-2（2）中的 x；也可能在不同量词的辖域内同时约束出现，如例 5.2-2（3）中的 x. 为了研究方便，而不致引起混淆，我们希望一个个体变元在同一个公式中只以一种身份出现，应用下面两条规则可以做到这一点.

（1）约束变元的**改名规则**.

① 将量词中的指导变元和该量词辖域中此变元的所有约束出现都用新的变元替换,而公式的其他部分不变.

② 改名时,新变元要用在辖域中未曾出现过的变元符号,最好是整个公式中未出现过的变元符号.

例 5.2-2(2)中 $\forall xF(x) \rightarrow \exists yG(x,y)$.

将约束变元 x 改名为 z：$\forall zF(z) \rightarrow \exists yG(x,y)$.

例 5.2-2(3)中 $\forall xF(x) \vee \exists xG(x,y)$.

将 $\forall x$ 约束变元 x 改名为 z：$\forall zF(z) \vee \exists xG(x,y)$.

或者将 $\exists x$ 约束变元 x 改名为 t：$\forall xF(x) \vee \exists tG(t,y)$.

（2）自由变元的**代替规则**.

① 将公式中某个个体变元的所有自由出现同时进行代替.

② 新变元选用的符号应与原公式中所有个体变元符号不同.

例 5.2-3　在公式 $\forall x(P(x,y) \rightarrow \exists yQ(x,y,z)) \wedge S(x,z)$ 中,对自由变元进行代替,使各变元只以一种形式出现.

解　公式中的 x、y 都既是约束出现,又是自由出现,用代替规则将 x、y 的自由出现分别改为 m、t,则得：

$$\forall x(P(x,t) \rightarrow \exists yQ(x,y,z)) \wedge S(m,z).$$

又例如,公式 $\forall xP(x) \vee \exists zQ(x,z)$ 中,x 的约束变元与自由变元同名冲突,可以采用改名规则或代替规则解决如下.

换名规则：　$\forall uP(u) \vee \exists zQ(x,z)$.

代入规则：　$\forall xP(x) \vee \exists zQ(u,z)$.

5.2.2　谓词公式的解释

一般情况下,一个谓词公式不是命题,只有将谓词公式中的各种变元(项)用指定的特殊的常元去代替,才能构成一个命题.这种代替就是对公式的一个解释.

定义 5.2-1　一个公式 A 的一个**解释**(interpretation) I 应由以下四部分组成：

（1）非空个体域 D；

（2）公式 A 中的每个个体常元指定为 D 中一个特定元素；

（3）公式 A 中的 n 元函数指定为 D^n 到 D 的一个特定的函数；

（4）公式 A 中的 n 元谓词指定为 D^n 到 $\{0,1\}$ 的一个特定的谓词.

例 5.2-4　在下面给定的解释 I 下,计算下列公式的真值.

（1）$\exists xF(x,f(a)) \wedge G(b)$.

（2）$F(a,b) \rightarrow \forall xG(f(x))$.

给定解释 I 如下.

① 个体域为 $D=\{2,3,4\}$.

② 公式 A 中的两个个体常元指定为：$a=2, b=3$.

③ 公式 A 中的函数 f 指定为 D 到 D 的特定函数：$f(2)=2, f(3)=3, f(4)=4$.

④ 指定公式 A 中的二元谓词 F 为 D^2 到 $\{0,1\}$ 的谓词：$F(x,y)$ 为 $x=y$，指定 A 中的一元谓词 G 为 D 到 $\{0,1\}$ 的特定谓词：$G(2)=1, G(3)=G(4)=0$.

解 在解释 I 下，公式 (1)、(2) 的真值分别为：

$$(1)\ \exists x F(x,f(a)) \land G(b) \Leftrightarrow (F(2,f(2)) \lor F(3,f(2)) \lor F(4,f(2))) \land G(3)$$
$$\Leftrightarrow (F(2,2) \lor F(3,2) \lor F(4,2)) \land 0$$
$$\Leftrightarrow 1 \land 0$$
$$\Leftrightarrow 0;$$

$$(2)\ F(a,b) \to \forall x G(f(x)) \Leftrightarrow F(2,3) \to (G(f(2)) \land G(f(3)) \land G(f(4)))$$
$$\Leftrightarrow 0 \to (1 \land 0 \land 0)$$
$$\Leftrightarrow 1.$$

5.2.3　谓词公式的类型

在命题逻辑中，我们曾经给出过命题公式的永真式、永假式和可满足式. 在谓词逻辑中，也有类似的概念.

定义 5.2-2 设 A 为一个谓词公式，如果 A 在任何解释下都是真的，则称 A 为**逻辑有效式**（universal）或称为永真式.

如果 A 在任何解释下都是假的，则称 A 为**矛盾式**（contradiction）或称为永假式.

若至少存在一个解释使 A 为真，则称 A 为**可满足式**（satisfable）.

目前，如何判断一个谓词公式的类型还没有一个有效的具体算法，因为谓词公式的结果真值不仅依赖于个体域，依赖于对公式中谓词符号、运算符号等所做的解释，还依赖于公式中各个体变元的取值. 这使研究更复杂，只有某些特殊的公式可以判断其类型.

5.3　谓词逻辑等值式

谓词逻辑中关于联结词的等值式与命题逻辑中相关等值式类似.

定义 5.3-1 设 A、B 是谓词逻辑中任意两个公式，若 $A \leftrightarrow B$ 是永真式，则称 A 与 B 是等值的. 记作 $A \Leftrightarrow B$，称 $A \Leftrightarrow B$ 是等值式.

5.3.1　基本等值式

第一组　代换实例.

由于命题逻辑中的重言式的代换实例都是谓词逻辑中的永真式，因而命题逻辑的等值式给出的代换实例都是谓词逻辑的等值式的模式. 例如：

在 $F \lor \neg F$ 中, 若用 $\forall x F(x)$ 代替 F, 得到永真公式：$\forall x F(x) \lor \neg \forall x F(x)$.

又如：

$\forall x F(x) \Leftrightarrow \neg \neg \forall x F(x)$.

$\forall x \exists y (F(x,y) \to G(x,y)) \Leftrightarrow \neg \neg \forall x \exists y (F(x,y) \to G(x,y))$.

$F(x) \to G(y) \Leftrightarrow \neg F(x) \lor G(y)$.

$\forall x (F(x) \to G(y)) \to \exists z H(z) \Leftrightarrow \neg \forall x (F(x) \to G(y)) \lor \exists z H(z)$.

这些都是命题逻辑的代换实例.

第二组　消去量词等值式.

设个体域为有限域 $D = \{a_1, a_2, \cdots, a_n\}$, 则有：

(1) $\forall x A(x) \Leftrightarrow A(a_1) \land A(a_2) \land \cdots \land A(a_n)$.

(2) $\exists x A(x) \Leftrightarrow A(a_1) \lor A(a_2) \lor \cdots \lor A(a_n)$.

第三组　量词否定等值式.

设 $A(x)$ 是任意的含有自由出现个体变项 x 的公式, 则有：

(1) $\neg \forall x A(x) \Leftrightarrow \exists x \neg A(x)$.

(2) $\neg \exists x A(x) \Leftrightarrow \forall x \neg A(x)$.

上式的直观解释是容易的. 对于(1)式,"并不是所有的 x 都有性质 A"与"存在 x 没有性质 A"是一回事. 对于(2)式,"不存在有性质 A 的 x"与"所有 x 都没有性质 A"是一回事.

第四组　量词分配等值式.

设 $A(x)$、$B(x)$ 是任意的含自由出现个体变项 x 的公式, 则有：

(1) $\forall x (A(x) \land B(x)) \Leftrightarrow \forall x A(x) \land \forall x B(x)$.

(2) $\exists x (A(x) \lor B(x)) \Leftrightarrow \exists x A(x) \lor \exists x B(x)$.

注意：$\forall x$ 不能对 $\lor$ 分配, $\exists x$ 不能对 $\land$ 分配.

第五组　多个量词的等值式.

(1) $\forall x \forall y P(x,y) \Leftrightarrow \forall y \forall x P(x,y)$.

(2) $\exists x \exists y P(x,y) \Leftrightarrow \exists y \exists x P(x,y)$.

第六组　量词辖域收缩与扩张等值式.

设 $A(x)$ 是任意的含自由出现个体变项 x 的公式, B 中不含 x 的出现, 则有：

(1) $\forall x (A(x) \lor B) \Leftrightarrow \forall x A(x) \lor B$.

$\forall x (A(x) \land B) \Leftrightarrow \forall x A(x) \land B$.

$\forall x (A(x) \to B) \Leftrightarrow \exists x A(x) \to B$.

$\forall x (B \to A(x)) \Leftrightarrow B \to \forall x A(x)$.

(2) $\exists x (A(x) \lor B) \Leftrightarrow \exists x A(x) \lor B$.

$\exists x (A(x) \land B) \Leftrightarrow \exists x A(x) \land B$.

$\exists x (A(x) \to B) \Leftrightarrow \forall x A(x) \to B$.

$$\exists\, x(B{\rightarrow}A(x)){\Leftrightarrow}B{\rightarrow}\exists\, xA(x).$$

注意:若 A 不含个体变元,则 $\forall\, xA{\Leftrightarrow}A$,$\exists\, xA{\Leftrightarrow}A$.

推广有:

$$\forall\, x(A(x)\lor B(y)){\Leftrightarrow}\forall\, xA(x)\lor B(y).$$
$$\exists\, x(A(x)\lor B(y)){\Leftrightarrow}\exists\, xA(x)\lor B(y).$$
$$\exists\, x(A(x){\rightarrow}B(x)){\Leftrightarrow}\forall\, xA(x){\rightarrow}\exists\, B(x).$$

5.3.2 基本规则

1. 置换规则

设 $\Phi(A)$ 是含公式 A 的公式,$\Phi(B)$ 是用公式 B 取代 $\Phi(A)$ 中所有的 A 之后的公式,若 $A{\Leftrightarrow}B$,则 $\Phi(A){\Leftrightarrow}\Phi(B)$.谓词逻辑中的置换规则同样适用.

2. 换名规则

设 A 为一公式,将 A 中某量词辖域中某约束变项的所有出现的及相应的指导变元改成该量词辖域中未曾出现过的某个体变项符号,公式的其余部分不变,设所得公式为 A',则 $A'{\Leftrightarrow}A$.例如,$\forall\, xF(x){\Leftrightarrow}\forall\, yF(y)$,$\exists\, xF(x){\Leftrightarrow}\exists\, yF(y)$.

3. 代替规则

设 A 为一公式,将 A 中某个自由出现的个体变项的所有出现用 A 中未曾出现过的个体变项符号代替,A 中其余部分不变,设所得公式为 A',则 $A'{\Leftrightarrow}A$.

5.3.3 等值演算

例 5.3-1 证明下列等值式.

(1) $\exists\, x(A(x){\rightarrow}B(x)){\Leftrightarrow}\forall\, xA(x){\rightarrow}\exists\, xB(x).$

(2) $\forall\, x\forall\, y(A(x){\rightarrow}B(y)){\Leftrightarrow}\exists\, xA(x){\rightarrow}\forall\, yB(y).$

(3) $\neg\,\forall\, x\forall\, y(F(x)\land G(y){\rightarrow}H(x,y))$
$\quad{\Leftrightarrow}\exists\, x\exists\, y\,(F(x)\land G(y)\land\neg\, H(x,y)).$

证 (1) $\exists\, x(A(x){\rightarrow}B(x)){\Leftrightarrow}\exists\, x(\neg\, A(x)\lor B(x))$
$$\qquad\qquad\quad{\Leftrightarrow}\exists\, x(\neg\, A(x))\lor\exists\, xB(x)$$
$$\qquad\qquad\quad{\Leftrightarrow}\neg\,\forall\, xA(x)\lor\exists\, xB(x)$$
$$\qquad\qquad\quad{\Leftrightarrow}\forall\, xA(x){\rightarrow}\exists\, xB(x).$$

(2) $\forall\, x\forall\, y(A(x){\rightarrow}B(y)){\Leftrightarrow}\forall\, x\forall\, y(\neg\, A(x)\lor B(y)){\Leftrightarrow}\forall\, x(\neg\, A(x)\lor\forall\, yB(y))$
$$\qquad\qquad{\Leftrightarrow}\neg\,\exists\, xA(x)\lor\forall\, yB(y){\Leftrightarrow}\exists\, xA(x){\rightarrow}\forall\, yB(y).$$

(3) $\neg\,\forall\, x\forall\, y(F(x)\land G(y){\rightarrow}H(x,y))$
$$\quad{\Leftrightarrow}\exists\, x\neg\,(\forall\, y(\neg\,(F(x)\land G(y))\lor H(x,y)))$$
$$\quad{\Leftrightarrow}\exists\, x\exists\, y\neg\,(\neg\,(F(x)\land G(y))\lor H(x,y))$$

$$\Leftrightarrow \exists x \exists y(F(x) \wedge G(y) \wedge \neg H(x,y)).$$

例 5.3-2　设个体域为 $D=\{a,b,c\}$,将下面各公式的量词消去.

(1) $\forall x(F(x) \rightarrow G(x)).$

(2) $\forall x(F(x) \vee \exists yG(y)).$

解　(1) $\forall x(F(x) \rightarrow G(x)) \Leftrightarrow (F(a) \rightarrow G(a)) \wedge (F(b) \rightarrow G(b)) \wedge (F(c) \rightarrow G(c)).$

(2) $\forall x(F(x) \vee \exists yG(y)) \Leftrightarrow \forall xF(x) \vee \exists yG(y)$
$$\Leftrightarrow (F(a) \wedge F(b) \wedge F(c)) \vee (G(a) \vee G(b) \vee G(c)).$$

5.4　谓词逻辑的前束范式

定义 5.4-1　设 A 为一个一阶谓词逻辑公式,若 A 具有如下形式:
$$Q_1 x_1 Q_2 x_2 \cdots Q_k x_k B,$$
则称 A 为**前束范式**,其中,$Q_i(1 \leqslant i \leqslant k)$ 为 $\forall$ 或 $\exists$;B 为不含量词的公式.

例如，$\forall x \forall y(F(x) \wedge G(y) \rightarrow H(x,y)),$
$$\forall x \forall y \exists z(F(x) \wedge G(y) \wedge H(z) \rightarrow L(x,y,z))$$
等公式都是前束范式,而
$$\forall x(F(x) \rightarrow \exists y(G(y) \wedge H(x,y))),$$
$$\exists x(F(x) \wedge \forall y(G(y) \rightarrow H(x,y)))$$
等都不是前束范式.

例 5.4-1　判断下列各式是否是前束范式.

(1) $\forall x \exists y \forall z(P(x,y,z) \rightarrow Q(x,y)).$

(2) $\forall x \exists y \forall zP(x,y,z) \rightarrow Q(x,y).$

(3) $\forall x \exists y \forall zP(x,y,z) \rightarrow \forall x \exists yQ(x,y).$

(4) $\forall x \exists y(P(x,y,z) \rightarrow Q(x,y)).$

解　(1) 是. (2) 不是. (3) 不是. (4) 是前束范式.

可证明每个谓词逻辑公式都能找到与之等值的前束范式.下面用谓词等值演算求前束范式.求前束范式的过程的具体步骤如下:

第一步:消去联结词 $\rightarrow$、$\leftrightarrow$;

第二步:将联结词 $\neg$ 向内深入,使之作用于原子公式前;

第三步:利用换名规则或代入规则使所有约束变元的符号均不同,并且自由变元与约束变元的符号也不同;

第四步:利用量词辖域的扩张和收缩等值式,将所有量词以在公式中出现的顺序移到公式最前面,扩大量词的辖域至整个公式.

例 5.4-2　将下列公式化为前束范式.

(1) $(\forall xP(x) \vee \exists yQ(y)) \rightarrow \forall xR(x).$

(2) $(\forall xP(x,y) \rightarrow \exists yQ(y)) \rightarrow \forall xR(x,y).$

解　(1)　$(\forall xP(x) \lor \exists yQ(y)) \rightarrow \forall xR(x)$

$\Leftrightarrow \neg (\forall xP(x) \lor \exists yQ(y)) \lor \forall xR(x)$ 　　　　（消去联结词→）

$\Leftrightarrow (\neg \forall xP(x) \land \neg \exists yQ(y)) \lor \forall xR(x)$ 　　（德·摩根律）

$\Leftrightarrow (\exists x \neg P(x) \land \forall y \neg Q(y)) \lor \forall zR(z)$ 　　（换名规则，量词转换）

$\Leftrightarrow \exists x \forall y \forall z((\neg P(x) \land \neg Q(y)) \lor R(z))$ 　　（量词辖域等值扩张）.

(2)　$(\forall xP(x,y) \rightarrow \exists yQ(y)) \rightarrow \forall xR(x,y)$

$\Leftrightarrow (\forall xP(x,t) \rightarrow \exists yQ(y)) \rightarrow \forall xR(x,t)$ 　　（代入规则）

$\Leftrightarrow (\forall xP(x,t) \rightarrow \exists yQ(y)) \rightarrow \forall zR(z,t)$ 　　（换名规则）

$\Leftrightarrow \neg (\neg \forall xP(x,t) \lor \exists yQ(y)) \lor \forall zR(z,t)$ 　（消去联结词→）

$\Leftrightarrow (\forall xP(x,t) \land \neg \exists yQ(y)) \lor \forall zR(z,t)$ 　　（¬向括号内深入）

$\Leftrightarrow (\forall xP(x,t) \land \forall y \neg Q(y)) \lor \forall zR(z,t)$ 　　（量词转换）

$\Leftrightarrow \forall x \forall y(P(x,t) \land \neg Q(y)) \lor \forall zR(z,t)$ 　　（量词辖域扩张）

$\Leftrightarrow \forall x \forall y \forall z((P(x,t) \land \neg Q(y)) \lor R(z,t))$ 　　（量词辖域扩张）.

注意，一般公式的前束范式不一定是唯一的.

5.5　谓词演算的推理规则

在谓词逻辑中，推理的形式结构仍为 $A_1 \land A_2 \land \cdots \land A_k \rightarrow B$. 若 $A_1 \land A_2 \land \cdots \land A_k \rightarrow B \Leftrightarrow 1$，则该式为逻辑有效式，则推理正确，称 B 是 $A_1 \land A_2 \land \cdots \land A_k$ 的逻辑结论，记为：$A_1 \land A_2 \land \cdots \land A_k \Rightarrow B$.

5.5.1　推理定律

第一组　所有命题逻辑等值律的代换实例，可生成双向的两个推理定律. 例如：

$$\forall xF(x) \Rightarrow \neg \neg \forall xF(x);$$

$$\neg \neg \forall xF(x) \Rightarrow \forall xF(x).$$

第二组　所有命题逻辑推理定律的代换实例可以使用. 例如：

$$\forall xF(x) \land \forall yG(y) \Rightarrow \forall xF(x);$$

$$\forall xF(x) \Rightarrow \forall xF(x) \lor \exists yG(y).$$

以上分别为命题逻辑中化简律和附加律的代换实例.

第三组　所有谓词逻辑等值律，可生成双向的两个推理定律. 例如：

$$\forall x(A(x) \rightarrow B) \Rightarrow \exists xA(x) \rightarrow B;$$

$$\exists xA(x) \rightarrow B \Rightarrow \forall x(A(x) \rightarrow B).$$

第四组　谓词逻辑基本推理定律.

(1) $(\forall x)A(x) \Rightarrow (\exists x)A(x).$

(2) $\forall x A(x) \vee \forall x B(x) \Rightarrow \forall x(A(x) \vee B(x))$.

(3) $\exists x(A(x) \wedge B(x)) \Rightarrow \exists x A(x) \wedge \exists x B(x)$.

(4) $\forall x(A(x) \rightarrow B(x)) \Rightarrow \forall x\, A(x) \rightarrow \forall x\, B(x)$.

(5) $\exists x(A(x) \rightarrow B(x)) \Rightarrow \exists x A(x) \rightarrow \exists x B(x)$.

推广有:

(1) $\forall x(A(x) \rightarrow B(x)) \Rightarrow \exists x A(x) \rightarrow \exists x B(x)$.

(2) $\exists x A(x) \rightarrow \forall x B(x) \Rightarrow \forall x(A(x) \rightarrow B(x))$.

(3) $\forall x(A(x) \leftrightarrow B(x)) \Rightarrow \forall x A(x) \leftrightarrow \forall x B(x)$.

第五组　谓词逻辑含多个量词的推理定律.

$$(\forall x)(\forall y)A(x,y) \quad \Longleftrightarrow \quad (\forall y)(\forall x)A(x,y)$$
$$\Downarrow \qquad\qquad\qquad\qquad \Downarrow$$
$$(\exists x)(\forall y)A(x,y) \qquad\qquad (\exists y)(\forall x)A(x,y)$$
$$\Downarrow \qquad\qquad\qquad\qquad \Downarrow$$
$$(\forall y)(\exists x)A(x,y) \qquad\qquad (\forall x)(\exists y)A(x,y)$$
$$\Downarrow \qquad\qquad\qquad\qquad \Downarrow$$
$$(\exists y)(\exists x)A(x,y) \quad \Longleftrightarrow \quad (\exists x)(\exists y)A(x,y)$$

推广有: $\forall x \forall y A(x,y) \Rightarrow \forall x \forall x A(x,x)$. 下面举例蕴含证明.

例 5.5-1　证明 $(\exists x)A(x) \rightarrow (\forall x)B(x) \Rightarrow (\forall x)(A(x) \rightarrow B(x))$.

证明　$(\exists x)A(x) \rightarrow (\forall x)B(x) \Leftrightarrow \neg(\exists x)A(x) \vee (\forall x)B(x)$
$$\Leftrightarrow (\forall x)\neg A(x) \vee (\forall x)B(x)$$
$$\Rightarrow (\forall x)(\neg A(x) \vee B(x))$$
$$\Leftrightarrow (\forall x)(A(x) \rightarrow B(x)).$$

例 5.5-2　证明　$\forall x \forall y(P(x) \leftrightarrow Q(y)) \Rightarrow \forall x P(x) \rightarrow \forall x Q(x)$.

证明　$\forall x \forall y(P(x) \leftrightarrow Q(y))$
$$\Rightarrow \forall x \forall x(P(x) \leftrightarrow Q(x))$$
$$\Leftrightarrow \forall x(P(x) \leftrightarrow Q(x))$$
$$\Leftrightarrow \forall x((P(x) \rightarrow Q(x)) \wedge (Q(x) \rightarrow P(x)))$$
$$\Leftrightarrow \forall x(P(x) \rightarrow Q(x)) \wedge \forall x(Q(x) \rightarrow P(x))$$
$$\Rightarrow \forall x(P(x) \rightarrow Q(x))$$
$$\Rightarrow \forall x P(x) \rightarrow \forall x Q(x).$$

除上面的证明形式外,下面介绍另一种形式的证明方法.

5.5.2　推理规则

除了可以使用命题逻辑的推理规则外,由于谓词逻辑中有了量词,所以还要增加一些与量词有关的推理规则.下面列出在谓词逻辑中要用到的推理规则,重点掌握下列 4 条(注意每一规则成立的前提条件).

1. 全称量词消去规则(US)

$$\forall xA(x) \Rightarrow A(y) \quad \text{或} \quad \forall xA(x) \Rightarrow A(c).$$

US 规则成立的条件如下.

(1) x 是 $A(x)$ 中自由出现的个体变元;

(2) 当 $A(x)$ 中可出现量词和变项时,y 是任意不在 $A(x)$ 中受约束出现个体变元;

(3) c 是个体域中的任意一个个体常元.

US 规则的意思是指如果个体域中的所有个体 x 都具有性质 A,则个体域中任一个给定个体 y 也必具有性质 A,即"每一个均成立,其中任一个也必成立".

2. 全称量词引入规则(UG)

$$A(y) \Rightarrow \forall xA(x).$$

UG 规则成立的条件如下.

(1) y 在 $A(y)$ 中自由出现,并且 y 取任意 $y \in D$ 时,均为真.

(2) 取代 y 的 x 不能在 $A(y)$ 中约束出现,否则会产生错误.

即对于每个 y,$A(y)$ 均成立,所以"$\forall xA(x)$"成立.

注意:US 规则不是 UG 规则的逆命题.

3. 存在量词消去规则(ES)

$$\exists xA(x) \Rightarrow A(c).$$

ES 规则的成立条件如下.

(1) c 是使 A 为真的特定的个体常项.

(2) c 不曾在 $A(x)$ 中出现过.

(3) $A(x)$ 中除 x 外,还有其他自由变项时,不可用此规则.

注意:尤其第一条,c 不是任取一个,而是某些特定的.

4. 存在量词引入规则(EG)

$$A(c) \Rightarrow \exists yA(y) \quad \text{或} \quad A(x) \Rightarrow \exists yA(y).$$

此规则成立条件如下.

(1) c 是某个个体变项.

(2) 取代 c 的 y 不能曾在 $A(c)$ 中出现过.

(3) $A(x)$ 对 y 是自由的.

(4) 若 $A(x)$ 是推导过程中的公式,且 x 是由于使用 ES 引入的,那么不能用 $A(x)$ 中除 x 外的个体变元作约束变元,或者说,y 不得为 $A(x)$ 中的个体变元.

关于 US、ES、EG、UG 的说明如下.

(1) US、ES 又叫删除量词规则,其作用是在推导中删除量词.一旦删除了量词,就可用命题演算的各种规则与方法进行推导.

（2）UG、EG 的作用则是在推导过程中添加量词,使结论呈量化形式.

（3）全称量词与存在量词的基本差别也突出地体现在删除和添加量词规则使用中.例如,ES 中 $A(y)$ 的 y 取特定值,而 US 中 $A(y)$ 的 y 可取任意值.

谓词逻辑常用到的推理规则如下.

（1）前提引入规则 P.

（2）结论引入规则 T.

（3）置换规则 E.

（4）代入规则 I.

（5）假言推理规则.

（6）附加规则.

（7）化简规则.

（8）拒取式规则.

（9）假言三段论规则.

（10）析取三段论规则.

（11）构造性二难推理规则.

（12）合取引入规则.

（13）US 规则.

（14）UG 规则.

（15）ES 规则.

（16）EG 规则.

形式推理的一般步骤如下.

（1）推导过程中可以引用命题演算中的 P 规则、T 规则、E 规则和 I 规则.

（2）消去量词用 US 规则和 ES 规则.

（3）在用规则 US 和规则 ES 消去量词时,一般谓词逻辑公式应为前束范式才能使用.

（4）对同一个符号,同时使用 US 规则与 ES 规则消去量词,必须先使用规则 ES,再使用规则 US.

（5）如有两个含有存在量词的公式,当用规则 ES 消去量词时,不能选用同样的一个常量符号来取代两个公式中的变元.

（6）在推导过程中,没含量词的公式可以用命题逻辑的等值公式和基本蕴涵公式推理;对含有量词的公式可以用谓词逻辑的等值公式和基本蕴涵公式推理.

（7）证明过程中可采用命题逻辑中的直接证明法、前提附加 CP 法以及归谬法.

（8）用规则 ES 消去量词,添加量词时只能使用规则 EG;用规则 US 消去量词,添加量词时可使用规则 EG 和规则 UG.

（9）在添加的量词 $\forall x$、$\exists x$ 时,所选用的 x 不能在公式 $G(c)$ 或 $G(y)$ 中以任何约束出现.

例 5.5-3 前提：$\forall x(F(x) \rightarrow G(x))$，$\exists xF(x)$.

结论：$\exists xG(x)$.

证明 用直接证明法证明

① $\exists xF(x)$　　　　　　　　　　（前提引入）.

② $F(c)$　　　　　　　　　　　　（① ES 规则）.

③ $\forall x(F(x) \rightarrow G(x))$　　　　　（前提引入）.

④ $F(c) \rightarrow G(c)$　　　　　　　　（③ US 规则）.

⑤ $G(c)$　　　　　　　　　　　　（②、④ 假言推理）.

⑥ $\exists xG(x)$　　　　　　　　　　（⑤ EG 规则）.

例 5.5-4 前提：$\forall x(G(x) \rightarrow W(x) \vee L(x))$，$\neg L(a) \wedge S(a)$.

结论：$G(a) \rightarrow W(a)$.

证明 用附加前提法证明

① $\neg L(a) \wedge S(a)$　　　　　　　　（P）.

② $\neg L(a)$　　　　　　　　　　　（I、(1)）.

③ $G(a)$　　　　　　　　　　　　（CP）.

④ $\forall x(G(x) \rightarrow W(x) \vee L(x))$　　（P）.

⑤ $G(a) \rightarrow W(a) \vee L(a)$　　　　　（US、(4)）.

⑥ $W(a) \vee L(a)$　　　　　　　　　（I、(3)、(5)）.

⑦ $W(a)$　　　　　　　　　　　　（I、(2)、(6)）.

⑧ $G(a) \rightarrow W(a)$　　　　　　　　（结论成立）.

例 5.5-5 构造下面推理的证明.

前提：$\exists xA(x) \rightarrow \forall xB(x)$.

结论：$\forall x(A(x) \rightarrow B(x))$.

证明 用归谬法证明.

① $\neg \forall x(A(x) \rightarrow B(x))$　　　　　（结论取反）.

② $\exists x\neg(A(x) \rightarrow B(x))$　　　　　（E、(1)）.

③ $\neg(A(a) \rightarrow B(a))$　　　　　　　（ES、(2)）.

④ $A(a) \wedge \neg B(a)$　　　　　　　　（E、(3)）.

⑤ $A(a)$　　　　　　　　　　　　（I、(4)）.

⑥ $\neg B(a)$　　　　　　　　　　　（I、(4)）.

⑦ $\exists xA(x)$　　　　　　　　　　（EG、(5)）.

⑧ $\exists xA(x) \rightarrow \forall xB(x)$　　　　　（P）.

⑨ $\forall xB(x)$　　　　　　　　　　（I、(7)、(8)）.

⑩ $B(a)$　　　　　　　　　　　　（US、(9)）.

⑪ $B(a) \wedge \neg B(a)$　　　　　　　　（合取引入、矛盾、(6)、(10)）.

因此假设错误，原结论成立.

例 5.5-6　构造下面推理的证明(个体域为实数集合).

不存在能表示成分数的无理数;有理数都能表示成分数.因此,有理数都不是无理数.

解　设 $F(x)$:x 为无理数,$G(x)$:x 为有理数,$H(x)$:x 能表示成分数.

前提:$\neg \exists x(F(x) \wedge H(x))$,$\forall x(G(x) \rightarrow H(x))$.

结论:$\forall x(G(x) \rightarrow \neg F(x))$.

证明

① $\neg \exists x(F(x) \wedge H(x))$　　　　　(前提引入).

② $\forall x(\neg F(x) \vee \neg H(x))$　　　　(① 置换).

③ $\forall x(H(x) \rightarrow \neg F(x))$　　　　(② 置换).

④ $H(a) \rightarrow \neg F(a)$　　　　　　(③ US 规则).

⑤ $\forall x(G(x) \rightarrow H(x))$　　　　　(前提引入).

⑥ $G(a) \rightarrow H(a)$　　　　　　(⑤ US 规则).

⑦ $G(a) \rightarrow \neg F(a)$　　　　　(⑥、④ 假言三段论).

⑧ $\forall x(G(x) \rightarrow \neg F(x))$　　　　(⑦ UG 规则).

注意:不能直接对 $\neg \exists x(F(x) \wedge H(x))$ 使用 ES 规则,因为该公式不是前束范式.

5.6　谓词逻辑的应用

谓词逻辑在信息科学中的应用领域之一是人工智能,在人工智能的研究中,谓词逻辑推理是人工智能研究中最持久的子领域之一,因此,人工智能的出现与发展是和谓词逻辑分不开的.专家系统是人工智能中一个正在发展的研究领域.**专家系统**(expert-system)是一种智能计算机系统.它是应用于某一专门领域,拥有该领域相当数量的专家级知识,能模拟专家的思维,能达到专家级水平,能像专家一样解决困难复杂的实际问题的计算机系统.专家系统的主要组成部分是知识库和推理机.不同的专家系统其功能和结构有可能不同,但一般完整的专家系统应包括人机接口、推理机、知识库、动态数据库、知识获取机构和解释机构这 6 个部分.各部分之间的关系如图 5.6-1 所示.

专家系统的核心是知识库和推理机.其工作过程是根据知识库中的知识和用户提供的事实进行推理,不断地由已知的前提推出未知的结论,即中间结果,并将中间结果放到数据库中,作为已知的新事实进行推理,从而把求解的问题由求知状态转换为已知状态.在专家系统的运行过程中,会不断地通过人机接口与用户进行交互,向用户提问,并向用户做出解释.

知识库主要用来存放各领域专家提供的专业知识.知识库中的知识来源于知识获取机构,同时它又为推理机提供求解问题所需的知识.知识表达方法有:一阶谓词

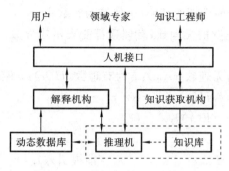

图 5.6-1 专家系统的一般结构

逻辑表示法、产生式规则表示法、状态图表示法、框架表示法等.

而推理机则是实现机器推理的程序.它既包括通常的逻辑推理,又包括基于产生式的操作.推理机是使用知识库中的知识进行推理而解决问题的.所以推理机也就是专家的思维机制,即专家分析、解决问题的方法的一种算法表示和机器实现,模拟各领域专家的思维过程,执行对问题的解决.根据已知的事实,利用知识库中的知识,按一定的推理方法和控制策略进行推理,直到得出相应的结论为止.

逻辑是所有数学推理的基础,对于人工智能有实际的应用.所以,采用谓词逻辑语言的演绎过程的形式化有助于我们更清楚地理解推理的某些子命题.逻辑规则给出数学语句的准确定义.离散数学中数学推理知识为早期的人工智能研究领域打下了良好的数学基础.广泛应用于医疗诊断、信息检索、定理证明等领域.

另外对谓词演算公理系统的研究使得美国数理逻辑学家罗宾逊于 1965 年创立了"消解原理"的算法,在此算法的基础上,法国马赛大学的柯尔密勒设计并实现了一种基于谓词演算的逻辑程序设计语言 PROLOG,这样一来,现实世界中的问题只要能用谓词演算公理系统方式表示出来,就可以将它写成 PROLOG 程序,然后在计算机上得以实现.

本 章 总 结

本章介绍了谓词逻辑的基本概念和基本理论,知识点包括如下部分.

(1) 谓词公式的符号化(个体词、谓词、特性谓词、量词).

(2) 谓词公式的类型:永真式、永假式、可满足式.

(3) 谓词公式的换名规则、代替规则和前束范式.

(4) 谓词公式的代换实例和一些常用等值式.

(5) 谓词推理理论及推理证明(量词的消去与引入).

本章需要重点掌握如下内容.

(1) 掌握谓词公式的符号化.

(2) 能够判断简单谓词公式的类型.

（3）掌握谓词公式的前束范式的求解方法.

（4）掌握谓词推理证明方法.

（5）掌握谓词公式间的等值证明.

习　　题

1. 将下列命题符号化,并讨论真值.

（1）所有的人都长着黑头发.

（2）有的人登上过月球.

（3）没有人登上过木星.

（4）在美国留学的学生未必都是亚洲人.

2. 设个体域为$\{a,b,c\}$,试消去下列命题中的量词.

（1）$\forall x R(x) \wedge \exists x S(x)$;

（2）$\forall x(R(x) \rightarrow Q(x))$;

（3）$\forall x(\neg R(x)) \vee \forall x R(x)$.

3. 求下列命题的真值.

（1）个体域 $D=\{-2,3,6\}$,P:3 大于 2,$Q(x)$:x 小于或等于 3,$R(x)$:x 大于 5,a:5,求 $\forall x(P \rightarrow Q(x)) \vee R(a)$.

（2）个体域 $D=\{2\}$,$P(x)$:x 大于 3,$Q(x)$:x 等于 4,求 $\exists x(P(x) \rightarrow Q(x))$.

4. 下列表达式是命题还是命题函数?

（1）$\forall x(P(x) \vee R(x)) \wedge R$;

（2）$\forall x(P(x) \vee Q(x)) \wedge \exists x R(x)$;

（3）$\exists x(P(x) \leftrightarrow Q) \vee R(x)$.

5. 指出下列谓词合式公式的指导变元,量词的辖域,约束变元与自由变元.

（1）$\forall x P(x) \rightarrow P(y)$;

（2）$\forall x(P(x) \wedge Q(x)) \rightarrow \forall x P(x) \wedge Q(x)$;

（3）$(\forall x P(x) \wedge \exists y Q(y)) \vee (\forall x R(x,y) \rightarrow Q(2))$;

（4）$\exists x \exists y(P(x,y) \wedge Q(2))$.

6. 设论域为$\{0,1,2\}$,试消去下列公式中的量词.

（1）$\forall x A(x) \wedge \exists x B(x)$;

（2）$\forall x(A(x) \rightarrow B(x))$;

（3）$\forall x(\neg A(x)) \vee \forall x A(x)$.

7. 对下列公式中的约束变元进行换名.

（1）$\forall x \exists y(P(x,z) \rightarrow Q(y)) \leftrightarrow S(x,y)$;

（2）$(\forall x(P(x) \rightarrow R(x) \vee Q(x))) \wedge \exists x R(x) \rightarrow \exists z S(x,z)$.

8. 对下列公式中的自由变元进行代入.

（1）$\forall y(P(x,y) \wedge \exists z Q(x,z)) \vee \forall x R(x,y)$;

(2) $(\exists yA(x,y)\rightarrow\forall xB(x,z))\wedge\exists x\forall zC(x,y,z)$.

9. 证明下列各式.

(1) $\forall x\forall y(P(x)\rightarrow Q(y))\Leftrightarrow\exists xP(x)\rightarrow\forall yQ(y)$;

(2) $\exists x\exists y(P(x)\rightarrow Q(y))\Leftrightarrow\forall xP(x)\rightarrow\exists yQ(y)$;

(3) $\neg(\exists y\forall xP(x,y))\Leftrightarrow\forall y\exists x(\neg P(x,y))$.

10. 将下列公式化为等值的前束范式.

(1) $\neg(\forall xP(x)\rightarrow\exists yP(y))$;

(2) $\neg(\forall xP(x)\rightarrow\exists y\forall zQ(y,z))$;

(3) $\forall x\forall y(\exists zP(x,y,z)\wedge(\exists uQ(x,u)\rightarrow\exists vQ(y,v)))$;

(4) $\forall x(\neg E(x,0)\rightarrow(\exists y(E(y,g(x))\wedge\forall z(E(z,g(x))\rightarrow E(y,z)))))$.

11. 用蕴涵式证明下列各式.

(1) $\exists x\exists y(P(x)\wedge Q(y))\Rightarrow\exists xQ(x)$;

(2) $\neg(\exists xP(x)\wedge\exists xQ(x))\Rightarrow\neg(\exists x(P(x)\wedge Q(x)))$.

12. 用形式化法证明下列各式.

(1) $\exists x(P(x)\rightarrow Q(x))\Rightarrow\forall xP(x)\rightarrow\exists xQ(x)$;

(2) $\forall xP(x)\rightarrow\forall xQ(x)\Rightarrow\forall x(P(x)\rightarrow Q(x))$;

(3) $\forall x(P(x)\rightarrow Q(x)),\forall x(R(x)\rightarrow\neg Q(x))\Rightarrow\forall x(R(x)\rightarrow\neg P(x))$;

(4) $\forall x(P(x)\rightarrow(Q(y)\wedge R(x))),\exists xP(x)\Rightarrow Q(y)\wedge\exists x(P(x)\wedge R(x))$.

13. 符号化下列语句,推证其结论.

(1) 每个喜欢步行的人不喜欢坐汽车. 每个人或者喜欢坐汽车或者喜欢骑自行车. 有的人不喜欢骑自行车,有的人不喜欢步行.

(2) 每个大学生不是文科生就是理工科生,有些大学生是优秀生,小丁不是理工科生,但是他是优秀生,则当小丁是大学生时,小丁是文科生.

兴 趣 阅 读

数理逻辑与计算机科学的关系

数理逻辑在计算机科学领域中的应用有 3 种.

1. 为计算机的可计算性研究提供依据

数理逻辑分为命题逻辑和一阶谓词逻辑两部分,命题逻辑是一阶谓词逻辑的特例. 在研究某些推理问题时,一阶谓词逻辑比命题逻辑更准确. 数理逻辑中的可计算谓词和计算模型中的可计算函数是等价的,互相可以转化,计算可以用函数演算来表达,也可以用逻辑系统来表达. 某些自然语言的论证看上去很简单,直接就可以得出结论,但是通过数理逻辑中的两种符号化表达的结果却截然不同,让人们很难理解,这就为计算机的可计算性研究埋下伏笔. 例如:凡是偶数都能被 2 整除;6 是偶数,所以 6 能被 2 整除.一个复杂的命题或者公式可以利用符号的形式来说明其含义,并判断其正确性.

谓词逻辑还可细分为一阶、二阶、高阶谓词逻辑. 在谓词逻辑中,命题是用谓词来表示的. 谓词可分为谓词名与个体两部分,个体表示某个独立存在的事物或者某个抽象谓词的概念,谓词名用于刻画个体的性质、状态或个体间的关系.

一阶谓词的一般形式为:

$$P(x_1, x_2, \cdots, x_n);$$

其中,P 是谓词名,$x_1, x_2, \cdots, x_n$ 是个体.

个体变元的取值范围称为个体域. 在谓词 $P(x_1, x_2, \cdots, x_n)$ 中,若 x_i 都是个体常量,变元或函数,$i=1,2,\cdots,n$. 则称它为一阶谓词,若某个 x_i 本身又是一个一阶谓词,则称 P 为二阶谓词. 高阶的以此类推.

另外一阶逻辑的量词的辖域只限于个体变项,二阶逻辑的量词的辖域扩大到了谓词. 区别就在于二阶逻辑中谓词可以作为变元.

这使得计算机科学中通过复杂文字验证的推理过程变得更加简单明了.

2. 为计算机硬件系统的设计提供依据

数理逻辑在计算机硬件设计中的应用尤为突出,数字逻辑作为计算机科学的一个重要理论,在很大程度上起源于数理逻辑中的布尔运算. 计算机的各种运算是通过数字逻辑技术实现的,而代数和布尔代数是数字逻辑的理论基础,布尔代数在形式演算方面虽然使用了代数的方法,但其内容的实质仍然是逻辑. 范式正是基于布尔运算和真值表给出的一个典型公式. 例如计算机科学中比较典型的开关电路的设计实例就能说明数理逻辑中布尔代数和范式的应用. 整个开关电路从功能上可以看作是一个开关,把电路接通的状态记为 1(即结果为真),把电路断开的状态记为 0(即结果为假),开关电路中的开关要么处于接通状态,要么处于断开状态,这两种状态也可以用二值布尔代数来描述,对应的函数为布尔函数,也叫线路的布尔表达式. 接通条件相同的线路称为等效线路,找等效线路的目的是化简线路,使线路中包含的节点尽可能地少. 利用布尔代数可设计一些具有指定的节点线路,数学上即是按给定的真值表构造相应的布尔表达式,理论上涉及的是范式理论,但形式上并不难构造. 可见,这类选择问题应用数理逻辑来解决,不但思路清晰、运算结果准确,而且省时、省力.

3. 为计算机程序设计语言提供主要思想

专家系统和知识工程的出现使人们认识到仅仅研究那些从真前提得出真结果的那种古典逻辑推理方法是不够的,因为人类生活在一个充满不确定信息的环境里,进行着有效的推理. 因此,为了建立真正的智能系统,研究那些更接近人类思维方式的非单调推理、模糊推理等推理就变得越来越有必要,非经典逻辑应运而生. 非经典逻辑一般指直觉逻辑、模糊逻辑、多值逻辑等. 这些也可以用计算机程序设计语言来实现. 计算机程序设计语言的理论基础是形式语言、自动机与形式语义学,数理逻辑的推理理论为二者提供了主要思想和方法,程序设计语言中的许多机制和方法,如子程序调用中的参数代换、赋值等都出自数理逻辑的方法. 推理是人工智能研究的主要工作.逻辑的思想就是通过一些已知的前提推理出未知的结论.

　　总之通过上述会发现数理逻辑在计算机科学中的应用非常广泛,可以把计算机科学中表面上看似不相干的内容通过找出其内在的联系作为前提,利用数理逻辑中的推理理论得到结论.

第6章 图 论

图论是一门古老而又十分活跃的数学分支,也是一门很有实用价值的学科.

近年来,随着计算机科学与技术的发展,图论的应用范围越来越广,已经渗透到语言学、逻辑学、物理学、化学、通信工程、生物工程、管理学、社会科学等各个领域.图论中的图不同于几何学中的图形,它主要研究的是两个对象之间是否具有某种特定的关系,所以图中两点之间是否连接尤为重要,而图的位置、大小、形状,以及连接线的曲直长短则无关紧要.

6.1 图的基本概念

图可以看做是由点集合和边集合构成的序偶,可以分为无向图和有向图.

6.1.1 图的定义

1. 无向图的定义

定义 6.1-1 **无向图**是一个序偶,记作 $G = \langle V, E \rangle$,其中,V 是一个非空集合,称为 G 的**顶点集**,其中的元素称为**顶点**;E 中的元素边 e_i 对应的结点对是无序的,E 称为 G 的**边集**,其中的元素称为**无向边**,简称**边**.

注意:元素可以重复出现的集合称为多重集合,因为图中两点之间可以有多条边.

一个图可以用图形表示,也可以用数学表达式表示,用图形表示更加直观.注意下面的几个概念.

(1) 一个有 p 个顶点和 q 条边的图称为 (p, q) 图,若它的 p 个顶点标以不同的名称,则称为**标定的**,否则称为**非标定的**.

例如图 6.1-1 所示的 G_1 是标定的,而 G_2 是非标定的.

其中,$G_1 = \langle V, E \rangle$,$V = \{v_1, v_2, v_3, v_4, v_5\}$,

$E = \{\langle v_1, v_2 \rangle, \langle v_2, v_3 \rangle, \langle v_3, v_4 \rangle, \langle v_4, v_5 \rangle, \langle v_5, v_1 \rangle, \langle v_1, v_4 \rangle\}$.

(2) 顶点集 V 和边集 E 都是有限集合,则 G 称为**有限图**,否则称为**无限图**.本章只讨论有限图.

(3) 无点、无边的图称为**空图**,记作 $\varnothing$.

(4) 只有一个顶点的图叫做**平凡图**.

(5) 图中顶点的个数叫做**图的阶**,若连接同一对顶点的边数大于 1,则称这样的

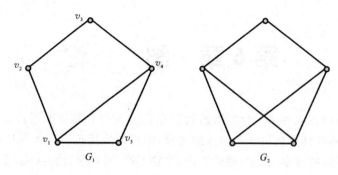

图 6.1-1

边为**多重边**,其边数称**边的重数**.

(6) 图 $G=\langle V,E\rangle$ 中形如 (v,v) 的边 $(v\in V)$ 也就是端点重合的边叫做**环**,如图 6.1-2所示.

(7) 没有环及多重边的图称为**简单图**.

2. 有向图的定义

定义 6.1-2 有向图是一个序偶,记作 $D=\langle V,E\rangle$,其中,V 是一个非空集合,称为 D 的**顶点集**,其中的元素称为**顶点**;E 中的元素边 e_i 对应的结点对是有序的,E 称为 D 的**边集**,其中的元素称为**有向边**.

注意:在有向图中,边 $\langle a,b\rangle$ 是有方向的,箭头必须从 a 指向 b. 通常用 G 表示无向图,用 D 表示有向图.

例如图 6.1-3 所示的有向图 $D=\langle V,E\rangle$,其中,$V=\{v_1,v_2,v_3\}$,
$$E=\{\langle v_1,v_1\rangle,\langle v_1,v_2\rangle,\langle v_2,v_1\rangle,\langle v_1,v_3\rangle\}.$$

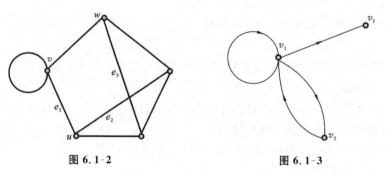

图 6.1-2   图 6.1-3

6.1.2 邻接与关联

一条边的端点称为与这条边**关联**,一条边称为与它的端点关联. 与同一条边关联的两个端点称为**邻接**,如果两条边有一个公共顶点,则称这两条**边邻接**.

在图 6.1-2 所示图中,顶点 u 与顶点 v 是邻接的,u 与 w 不邻接;边 e_1 和 e_2 是邻接的,而 e_2 和 e_3 不邻接.注意 e_2 和 e_3 在图中无交点.

不与任何顶点邻接的顶点称为**孤立点**.只与一条边关联的顶点称为**悬挂点**,它所关联的边称为**悬挂边**.

6.1.3　顶点的度

定义 6.1-3　设 $G=\langle V,E\rangle$ 为无向图,顶点 $v\in V$,与 v 关联的边的数目,称为 v 的**度**,记作 $\deg G(v)$,简记为 $d(v)$.

注意:计算有环的顶点的度时,环算作两条边.

设 $D=\langle V,E\rangle$ 为有向图,顶点 $v\in V$,以 v 为起点的边数称为 v 的**出度**,记作 $d_o(v)$;以 v 为终点的边数称为 v 的**入度**,记作 $d_i(v)$;以 v 为端点的边数之和称为 v 的**度**,记作 $d(v)$.显然

$$d(v)=d_o(v)+d_i(v).$$

例 6.1-1　给出图 6.1-4 所示无向图各顶点的度数.

解　$d(v_1)=4,d(v_2)=3,d(v_3)=3.$

注意:在无向图 G 中,如果某个顶点上有自环,则该顶点的度数应加上 2;在有向图 D 中,如果某个顶点上有自环,则该顶点的出度与入度分别加上 1.

定理 6.1-1　设 $G=\langle V,E\rangle$ 为任意图(无向或有向), $V=\{v_1,v_2,\cdots,v_n\}$,那么 G 的各个顶点的度数和是边数 m 的 2 倍,即

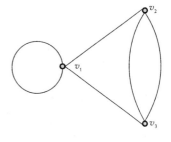

图 6.1-4

$$\sum_{i=1}^{n}d(v_i)=2m$$

证明　因为每一条边与两个顶点关联,所以加上一条边就使得各点度的和增加 2. 此定理通常称为**握手定理**.

推论　任何图 G 中,度为奇数的顶点的数目是偶数.

定理 6.1-2　设 $D=\langle V,E\rangle$ 是有向图, $V=\{v_1,v_2,\cdots,v_n\}$,则各顶点入度的和等于各顶点出度的和,同时等于边数 m,即

$$\sum_{t=1}^{n}d_i(v_t)=\sum_{i=1}^{n}d_o(v_i)=m$$

证明　在有向图中,每条边均有一个起点与一个终点,在计算 D 中各顶点的出度与入度之和时,每条边各提供了一个出度和一个入度,因此 m 条边提供 m 个出度和 m 个入度.

设 $V=\{v_1,v_2,\cdots,v_n\}$ 是图 G 的顶点集,称 $d(v_1),d(v_2),\cdots,d(v_n)$ 为 G 的度数列.对于有向图,称 $d_o(v_1),d_o(v_2),\cdots,d_o(v_n)$ 为出度序列, $d_i(v_1),d_i(v_2),\cdots,d_i(v_n)$ 为入度序列.

例 6.1-2　下列两组数能构成无向图的度数列吗？

(1) 2,3,4,5,6,7.

(2) 1,2,2,3,4.

解　(1) 有 3 个度为奇数的顶点,因此不满足握手定理,不能构成无向图.

(2) 有 2 个度为奇数的顶点,可以找到以此为度数列的图,如图 6.1-5 所示.

例 6.1-3　已知图 G 中有 11 条边,1 个度为 4 的顶点,4 个度为 3 的顶点,其余顶点的度数小于或等于 2,问 G 中至少有几个顶点.

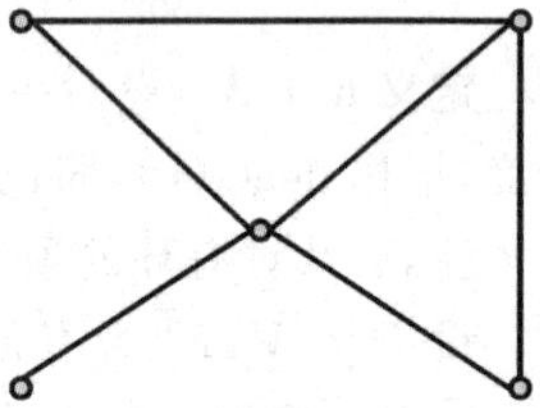

解　设度为 2 的顶点为 x 个,度为 1 的顶点为 y 个,根据握手定理,有

$$y+2 \cdot x+4 \times 3+4=11 \times 2$$

得到不定方程

$$y+2 \cdot x=6.$$

取自然数解

$$\begin{cases} x=0, \\ y=6, \end{cases} \begin{cases} x=1, \\ y=4, \end{cases} \begin{cases} x=2, \\ y=2, \end{cases} \begin{cases} x=3, \\ y=0. \end{cases}$$

取 $x+y$ 最小的那一组,因此至少有 $1+4+3=8$ 个顶点.

图 6.1-5

6.1.4　图的分类

1. 完全图、正则图、补图

定义 6.1-4　(1) 设 $G=\langle V,E\rangle$ 是 n 阶无向简单图,若 G 中的任何顶点都与其余的 $n-1$ 个顶点相邻,则称 G 为 **n 阶无向完全图**,记作 K_n.

无向完全图的边数:

$$m=C_n^2=\frac{1}{2} n(n-1).$$

(2) 设 $D=\langle V,E\rangle$ 是 n 阶有向简单图,若对于任意顶点 $u,v\in V(u\neq v)$,既有 $\langle u,v\rangle\in E$,又有 $\langle v,u\rangle\in E$,则称 D 是 **n 阶有向完全图**.

有向完全图的边数:

$$m=2C_n^2=n(n-1).$$

在图 6.1-6 所示图中,图(a)、(b)分别是无向完全图 K_3 和 K_5,图(c)是 3 阶有向完全图.

定义 6.1-5　设 $G=\langle V,E\rangle$ 是无向简单图,若 G 中各个顶点度数均等于 k,则称 G 为 **k 次正则图**. n 阶 k 次正则图的边数为 $m=\frac{1}{2} k \cdot n$.

定义 6.1-6　设 $G=\langle V,E\rangle$ 是 n 阶无向简单图,以 V 为顶点集,以所有能使 G 成

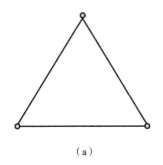 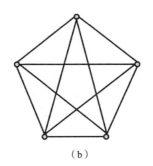 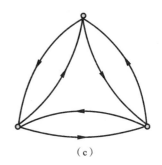

（a）　　　　　　　　　（b）　　　　　　　　　（c）

图 6.1-6

为完全图 K_n 的添加的边组成的集合为边集的图,称为 G 相对于 K_n 的补图,简称为 G 的**补图**,记作 $\overline{G}$.

在图 6.1-7 所示图中,图(a)和图(b)互为补图.

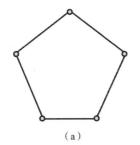 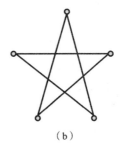

（a）　　　　　　　　　（b）

图 6.1-7

2. 子图

定义 6.1-7　设图 $G=\langle V,E\rangle$ 和 $H=\langle V_1,E_1\rangle$.

(1) 如果 $V_1\subseteq V,E_1\subseteq E$,则 H 是 G 的**子图**,记作 $H\subseteq G$.

(2) 如果 $H\subseteq G$,且 $H\neq G$,则 H 是 G 的**真子图**,记作 $H\subset G$.

(3) 如果 $H\subseteq G$,且 $V_1=V$,则 H 是 G 的**生成子图**.

(4) 设 $\varnothing\neq V_1\subseteq V$,以 V_1 为顶点集,以两个端点均在 V_1 中的全体边为边集的 G 的子图,称为 V_1 导出的**导出子图**,记作 $G[V_1]$.

(5) 设 $\varnothing\neq E_1\subseteq E$,以 E_1 为边集,以 E_1 中的边关联的顶点的全体顶点集的 G 的子图,称为 E_1 导出的**导出子图**,记作 $G[E_1]$.

在图 6.1-8 所示图中,G、G_1、G_2 都是 G 的子图,其中 G_1、G_2 是 G 的真子图,G_1 是 G 的生成子图,G_2 是 G 的导出子图.

3. 带权图

在处理有关图的实际问题时,往往有权值的存在,比如里程、运费、时间等,带权值的图称为**带权图**,否则就称为**无权图**.

定义 6.1-8　如果图 $G=\langle V,E\rangle$ 的每条边 $e_i=(v_i,v_j)$ 都赋以一个实数 w 作为该

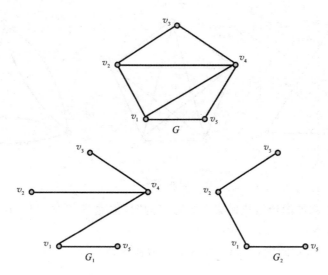

图 6.1-8

边的权,则称 G 是带权图.如果这些权都是正实数,就称 G 是**正权图**.

6.1.5 图的同构

定义 6.1-9 设有两个图 $G_1 = \langle V_1, E_1 \rangle$ 和 $G_2 = \langle V_2, E_2 \rangle$,它们的顶点集间有一一对应关系,使得边之间有如下的关系:设 $u_1 \leftrightarrow u_2$,$v_1 \leftrightarrow v_2$,u_1、$v_1 \in V_1$,u_2、$v_2 \in V_2$.如果 $(u_1, v_1) \in E_1$,那么 $(u_2, v_2) \in E_2$,且 (u_1, v_1) 的重数与 (u_2, v_2) 的重数相同,这种对应叫做**同构**,记作 $G_1 \cong G_2$.

如图 6.1-9 所示,G_1 和 G_2 在对应 $v_i \leftrightarrow u_i (i = 1, 2, 3, 4, 5, 6)$ 下是同构的.

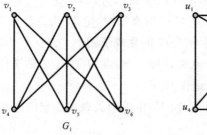

图 6.1-9

由于顶点位置的选取和边的形状的任意性,同构的图可以在外形上看起来差别很大.

两个图是同构的,必须满足以下条件:

(1) 具有相同的顶点数和边数;

(2) 其对应顶点的度数必须相同.

例 6.1-4 画出四阶 3 条边的所有非同构的无向简单图.

解 四阶 3 条边的非同构的无向简单图只有 3 个,如图 6.1-10 所示的 G_1、G_2、G_3,它们都是 K_4 的生成子图.

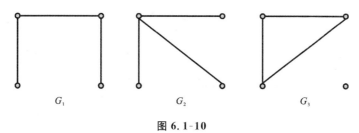

图 6.1-10

例 6.1-5 画出 2 个六阶非同构的 2 次正则图.

解 如图 6.1-11 所示的 G_1、G_2,它们满足同构的必要条件,但却不是同构的.

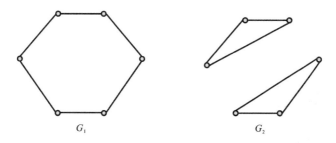

图 6.1-11

6.2 图的连通性

6.2.1 通路与回路

定义 6.2-1 图 $G=\langle V,E\rangle$ 的一个顶点和边交替序列 $T=v_0 e_1 v_1 e_2 \cdots v_{n-1} e_n v_n$,若对于任意 $1 \leqslant i \leqslant n, e_i$ 的端点是 v_{i-1} 和 v_i,则称 T 为 v_0 到 v_n 的**通路**;v_0 和 v_n 分别称为此通路的**起点**和**终点**;T 中所含边的数目称为 T 的**长度**;当 $v_0 = v_n$ 时,称通路为**回路**.

注意:对于有向图,要求 v_{i-1} 是起点,v_i 是终点.

如果 T 中所有边互不相同,则称 T 为**简单通路**;如果回路中所有边互不相同,称此回路为**简单回路**.

如果通路 T 的所有顶点 $v_0, v_1, \cdots, v_n$ 互不相同(从而所有边也互不相同),称此通路为**初级通路**或**路径**;如果回路中顶点 $v_0, v_1, \cdots, v_n$ 除 $v_0 = v_n$ 外,均互不相同,并且所有边也互不相同,称此回路为**初级回路**或**圈**.

例 6.2-1 在图 6.2-1 所示的无向图中，$v_1 e_3 v_4 e_4 v_3 e_6 v_5 e_7 v_4$ 是一条通路，$v_1 e_1 v_2$ $e_2 v_3 e_5 v_6$ 是一条路径，$v_4 e_4 v_3 e_6 v_5 e_7 v_4$ 是一个圈.

对于简单图，可以只用顶点来表示通路、路径和圈. 例如上述通路可以写成 $v_1 v_4 v_3 v_5 v_4$，路径可以写成 $v_1 v_2 v_3 v_6$，圈可以写成 $v_4 v_3 v_5 v_4$.

例 6.2-2 在图 6.2-2 所示的有向图中，$cabcdb$ 是简单通路，但不是初级通路，因为 b、c 均出现了两次.

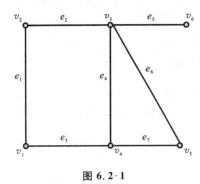

图 6.2-1

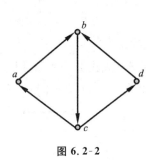

图 6.2-2

6.2.2　图的连通性

1. 无向图的连通性

定义 6.2-2　u,v 是无向图 $G = \langle V, E \rangle$ 中的两个顶点，若在 G 中存在一条(u,v)通路，则称 u 和 v 是连通的.

定义 6.2-3　如果无向图 $G = \langle V, E \rangle$ 的任何两个顶点都是连通的，则称 G 是**连通图**.

用 $u \equiv v$ 表示顶点 u 和 v 是连通的，那么顶点间的联通关系是一个等价关系：

(1) $u \equiv u$(自反性)；

(2) $u \equiv v$，则 $v \equiv u$(对称性)；

(3) $u \equiv v, v \equiv w$，则 $u \equiv w$(传递性).

这样，等价关系 $u \equiv v$ 便确定顶点集 V 的一个划分，把 V 分成非空子集 V_1，$V_2, \cdots, V_k$，使得当且仅当两个顶点 u 和 v 属于同一子集 V_i 时，它们才是连通的，子图 $G[V_1], G[V_2], \cdots, G[V_k]$ 称为 G 的连通分支，简称**分支**，分支的个数记为 $k(G)$.

当且仅当图 G 只有一个分支时，G 是连通的；分支数大于 1 的图称为**非连通图**或**分离图**. 图 6.2-3 所示的是连通图和非连通图.

设 v_i, v_j 为无向图 G 中的任意两个顶点，若 v_i 与 v_j 是连通的，则称 v_i 与 v_j 之间长度最短的通路为 v_i 与 v_j 之间的短程线，其长度称为 v_i 与 v_j 之间的距离，记作 $d(v_i, v_j)$. 若 v_i 与 v_j 不连通，规定 $d(v_i, v_j) = \infty$. 距离有以下性质：

(1) 非负性 $d(v_i, v_j) \geqslant 0$；

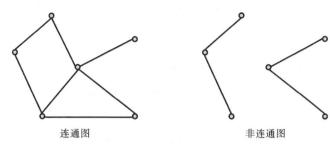

连通图   非连通图

图 6.2-3

(2) 对称性 $d(v_i, v_j) = d(v_j, v_i)$;

(3) 三角不等式 $d(v_i, v_j) + d(v_j, v_k) \geqslant d(v_i, v_k)$.

2. 割集

在日常生活中,也会经常碰到必经之路的问题,若路断掉,则两地之间无法联通. 比如 20 年前从武昌到汉阳、汉口的陆路,必须经过长江大桥.

定义 6.2-4 设无向图 $G = \langle V, E \rangle$,若存在顶点集 $V_1 \subset V$,使得 $k(G - V_1) > k(G)$,而对于任意 $V_2 \subset V_1$,均有 $k(G - V_2) = k(G)$,则称 V_1 是 G 的**点割集**. 若图 G 中某个点割集只有一个顶点,则该顶点称为**割点**.

若存在边集 $E_1 \subseteq E$,使得 $k(G - E_1) > k(G)$,而对于任意 $E_2 \subset E_1$,均有 $k(G - E_2) = k(G)$,则称 E_1 是 G 的**边割集**. 若图 G 中某个边割集只有一条边,则该边称为**割边**或**桥**.

注意:减法运算符表示删掉集合中对应的顶点或边,其中删除边只需将该边删除,而删除顶点还要将其所关联的边都删除.

如图 6.2-4 所示,$\{v_2, v_4\}$、$\{v_3\}$、$\{v_5\}$ 为点割集,$\{v_3\}$、$\{v_5\}$ 均为割点.

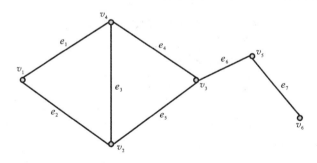

图 6.2-4

$\{e_1, e_2\}$、$\{e_4, e_5\}$、$\{e_1, e_3, e_4\}$、$\{e_2, e_3, e_5\}$、$\{e_2, e_3, e_4\}$、$\{e_1, e_3, e_5\}$、$\{e_6\}$、$\{e_7\}$ 等都是边割集,其中,$\{e_6\}$、$\{e_7\}$ 为桥.

割集有以下几个特点.

(1) 完全图 K_n 没有点割集,因为删除 $k(k \leqslant n-1)$ 个顶点后,所得图仍然是连通的.

（2）n 阶零图既无点割集，也无边割集.

（3）若 G 是连通图，E_1 为 G 的边割集，则 $p(G-E_1)=2$.

（4）若 G 是连通图，V_1 为 G 的点割集，则 $p(G-V_1)\geqslant 2$.

3. 连通度

割集可以间接地反映图的连通程度，下面讨论连通度.

定义 6.2-5 设 $G=\langle V,E\rangle$ 为无向连通图，

$\kappa(G)=\min\{|V'|\,|\,V'$ 是 G 的点割集或使 $G-V'$ 成为平凡图$\}$，则称为 G 的**点连通度**.

$\lambda(G)=\min\{|E'|\,|\,E'$ 是 G 的边割集$\}$，则称为 G 的**边连通度**.

从定义可以看出以下几点.

（1）图 G 的点连通度是为了使 G 成为一个非连通图，需要删除的点的最少数目. 若图 G 中存在割点，则 $\kappa(G)=1$.

（2）若 G 是完全图 K_n，由于 G 无点割集，在删除 $n-1$ 个顶点后，G 成为平凡图，所以 $\kappa(K_n)=n-1$.

（3）图 G 的边连通度是为了使 G 成为一个非连通图，需要删除的边的最少数目. 若图 G 中存在割边，$\lambda(G)=1$. 对于完全图，有 $\lambda(K_n)=n-1$.

（4）若 G 是平凡图，则 $\kappa(G)=\lambda(G)=0$.

（5）一个图的连通度越大，它的连通性能就越好.

例 6.2-3 在图 6.2-5 所示图中，$\kappa(G)=1$，$\lambda(G)=2$，$\delta(G)=3$，其中，$\kappa(G)$、$\lambda(G)$、$\delta(G)$ 分别为 G 的点连通度、边连通度、结点最小度数.

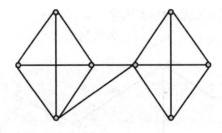

图 6.2-5

定理 6.2-1 对于任意的图 $G=\langle V,E\rangle$，有 $\kappa(G)\leqslant\lambda(G)\leqslant\delta(G)$，其中，$\kappa(G)$、$\lambda(G)$、$\delta(G)$ 分别为 G 的点连通度、边连通度、结点最小度数.

证明 若 G 是平凡图或非连通图，则其中 $\kappa(G)=\lambda(G)=0$，结论显然成立.

若 G 是非平凡的连通图，则因每一顶点的所有关联边都可构成图 G 的一个边割集，所以 $\lambda(G)\leqslant\delta(G)$.

若 $\lambda(G)=1$，则 G 有一割边，此时 $\kappa(G)=\lambda(G)=1$，$\kappa(G)\leqslant\lambda(G)\leqslant\delta(G)$ 成立.

若 $\lambda(G)\geqslant 2$，则必可删去某 $\lambda(G)$ 边，使 G 不连通，而删去其中 $\lambda(G)-1$ 条边，G 仍然连通，且有一条桥 $e=(u,v)$.

对 $\lambda(G)-1$ 条边中的每一条边都选取一个不同于 u、v 的顶点,把这些 $\lambda(G)-1$ 个顶点删去,则必至少要删去 $\lambda(G)$ 中包含的 $\lambda(G)-1$ 条边.

若剩下的图是不连通的,则 $\kappa(G)\leqslant\lambda(G)-1\leqslant\delta(G)$.

若剩下的图是连通的,则 e 仍是桥,此时再删去 u 或 v,就产生一个非连通图,也有 $\kappa(G)\leqslant\lambda(G)$.

综上所述,对于任意的图 G,有 $\kappa(G)\leqslant\lambda(G)\leqslant\delta(G)$.

4. 有向图的连通性

定义 6.2-6 设 u、v 是有向图 $D=\langle V,E\rangle$ 中的两个顶点,若在 D 中存在一条从 u 到 v 的通路,则称 u 可达 v.若 u 可达 v,v 也可达 u,则称 v 与 u 是相互可达的.规定 v 与自身是相互可达的.

若 u 可达 v,则称 u 到 v 长度最短的通路为 u 到 v 的短程线,其长度称为 u 到 v 的**距离**,记作 $d(u,v)$.若 u 不可达 v,则 $d(u,v)=\infty$.

$d(u,v)$ 一般不满足对称性.

定义 6.2-7 设有向图 $D=\langle V,E\rangle$,其连通性有以下三种.

(1) 若 D 对应的无向图连通,称 D **弱连通**.

(2) 若 D 中任两点 u、v,有 u 可达 v,或 v 可达 u,称 D **连通或单向连通**.

(3) 若 D 中任两点 u、v,有 u 可达 v,且 v 可达 u,称 D **强连通**.

例 6.2-4 在图 6.2-6 所示图中.

(a) 是强连通图.

(b) 是单向连通图.

(c) 是弱连通图.

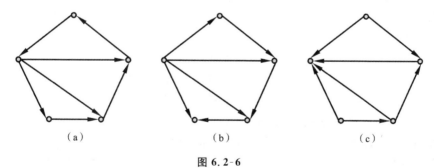

$$(a) \qquad\qquad (b) \qquad\qquad (c)$$

图 6.2-6

可用下面方法判断一个有向图 D 是否为强连通.

定理 6.2-2 一个有向图 D 是强连通的充要条件是:D 中存在一条经过每个顶点至少一次的回路.

证明 (1) 充分性:如果 D 中有一个回路,它至少包含每个顶点一次,则 D 中任何两个顶点都是相互可达的,即 D 是强连通图.

(2) 必要性(用反证法):假设 D 中所有回路不包含某一顶点 v,因而 v 与 D 中所有其他顶点都不是相互可达的,与强连通条件矛盾.

对于连通图,有以下结论.

定理 6.2-3 在 n 阶简单图 G 中,如果对于 G 的任意一对顶点 u 和 v,有 $d(u)+d(v)\geq n-1$,则 G 是连通图.

证明 用反证法,假设 G 不连通,则 G 至少有两个分图.

设其中一个分图含有 q 个顶点,而其余各分图共含有 $n-q$ 个顶点. 在这两部分中各取一个顶点 u 和 v,则有

$$\begin{cases} 0\leq d(u)\leq q-1, \\ 0\leq d(v)\leq n-q-1. \end{cases}$$

因此,$d(u)+d(v)\leq(q-1)+(n-q-1)=n-2$,这与题设 $d(u)+d(v)\geq n-1$ 矛盾,原命题成立.

6.3 图的矩阵表示

一个图可以用集合或图形来表示,此外还可以用矩阵来表示. 用矩阵来表示图,方便利用计算机来处理. 本节主要讨论图的关联矩阵,有向图的邻接矩阵和可达矩阵.

6.3.1 图的关联矩阵

1. 无向图的关联矩阵

定义 6.3-1 设无向图 $G=\langle V,E \rangle$,顶点集 $V=\{v_1,v_2,\cdots,v_n\}$,边集 $E=\{e_1,e_2,\cdots,e_m\}$,令

$$m_{ij}=\begin{cases} 0 & (v_i \text{ 与 } e_j \text{ 不关联}), \\ 1 & (v_i \text{ 与 } e_j \text{ 关联次数为1}), \\ 2 & (v_i \text{ 与 } e_j \text{ 关联次数为2,即环}), \end{cases}$$

则称 $(m_{ij})_{n\times m}$ 为 G 的**关联矩阵**,记作 $M(G)$.

例 6.3-1 求图 6.3-1 所示无向图的关联矩阵.

解 关联矩阵为:

$$M(G)=\begin{pmatrix} 1 & 1 & 0 & 1 & 0 & 0 & 0 \\ 1 & 1 & 1 & 0 & 0 & 0 & 0 \\ 0 & 0 & 1 & 0 & 1 & 0 & 0 \\ 0 & 0 & 0 & 1 & 1 & 2 \end{pmatrix}.$$

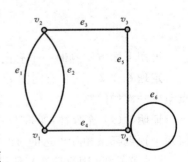

图 6.3-1

可以看出无向图的关联矩阵有以下性质.

(1) 每一列元素之和为 2,即每条边关联两个顶点,环的两个顶点重合.

（2）第 i 行的元素之和为 v_i 的度数，$i=1,2,\cdots,n$.

（3）第 i 列与第 j 列相同，当且仅当 e_i 与 e_j 是平行边.

（4）一行中元素全为 0，其对应的顶点为孤立顶点.

2. 有向无环图的关联矩阵

定义 6.3-2　设有向无环图 $D=\langle V,E \rangle$，顶点集 $V=\{v_1,v_2,\cdots,v_n\}$，边集 $E=\{e_1,e_2,\cdots,e_m\}$，令

$$m_{ij}=\begin{cases} 0 & (v_i \text{ 与 } e_j \text{ 不关联}), \\ 1 & (v_i \text{ 是 } e_j \text{ 的起点}), \\ -1 & (v_i \text{ 是 } e_j \text{ 的终点}), \end{cases}$$

则称 $(m_{ij})_{n\times m}$ 为 D 的关联矩阵，记作 $\boldsymbol{M}(D)$.

例 6.3-2　求图 6.3-2 所示有向无环图的关联矩阵.

解　关联矩阵为：

$$\boldsymbol{M}(D)=\begin{bmatrix} 0 & -1 & 1 & 0 & 0 & 0 \\ -1 & 1 & 0 & -1 & 0 & 0 \\ 1 & 0 & 0 & 0 & 1 & -1 \\ 0 & 0 & -1 & 1 & -1 & 1 \end{bmatrix}.$$

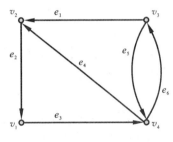

图 6.3-2

可以看出有向无环图的关联矩阵有以下性质.

（1）$\boldsymbol{M}(D)$ 中各元素之和为 0.

（2）第 i 行中 1 的个数等于 v_i 的出度，-1 的个数等于 v_i 的入度，$i=1,2,\cdots,n$.

6.3.2　图的邻接矩阵

1. 无向图的邻接矩阵

定义 6.3-3　设无向图 $G=\langle V,E \rangle$，顶点集 $V=\{v_1,v_2,\cdots,v_n\}$，令 a_{ij} 为无向边 (v_i,v_j) 的条数，则称 $(a_{ij})_{n\times m}$ 为 G 的**邻接矩阵**，记作 $\boldsymbol{A}(G)$.

例 6.3-3　求图 6.3-3 所示无向图的邻接矩阵.

解　邻接矩阵为：

$$\boldsymbol{A}(G)=\begin{bmatrix} 0 & 1 & 0 & 1 \\ 1 & 0 & 1 & 1 \\ 0 & 1 & 0 & 2 \\ 1 & 1 & 2 & 0 \end{bmatrix}.$$

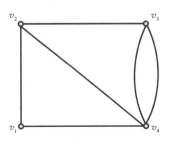

图 6.3-3

可以看出无向图的邻接矩阵有以下性质.

（1）矩阵 $\boldsymbol{A}(G)$ 是对称的.

（2）第 i 行元素之和恰好为顶点 v_i 的度.

（3）所有元素之和等于 $2m$，其中 m 为边数，即满

足握手定理.

（4）主对角线的元素之和为环的个数，本例中没有环.

2. 有向图的邻接矩阵

定义 6.3-4 设有向图 $D=\langle V,E\rangle$，顶点集 $V=\{v_1,v_2,\cdots,v_n\}$，令 a_{ij} 为顶点 v_i 到 v_j 的有向边的条数，则称 $(a_{ij})_{n\times m}$ 为 D 的邻接矩阵，记作 $\boldsymbol{A}(D)$.

例 6.3-4 求图 6.3-4 所示有向图的邻接矩阵.

解 邻接矩阵为：

$$\boldsymbol{A}(D)=\begin{pmatrix} 0 & 0 & 0 & 1 \\ 1 & 0 & 0 & 0 \\ 0 & 1 & 0 & 1 \\ 0 & 1 & 1 & 0 \end{pmatrix}.$$

可以看出有向图的邻接矩阵有以下性质.

（1）矩阵 $\boldsymbol{A}(D)$ 一般不是对称的.

（2）第 i 行元素之和恰好为顶点 v_i 的出度，各顶点的出度之和等于边数 m.

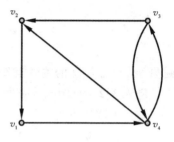

图 6.3-4

（3）第 i 列元素之和恰好为顶点 v_i 的入度，各顶点的入度之和等于边数 m.

（4）主对角线的元素之和为环的个数，本例中没有环.

如何利用矩阵计算图的通路和回路数？有下面的定理.

定理 6.3-1 设 $\boldsymbol{A}$ 为图 $G=\langle V,E\rangle$ 的邻接矩阵，其顶点集 $V=\{v_1,v_2,\cdots,v_n\}$，则 $\boldsymbol{A}^k(k\geqslant 1)$ 的元素 $a_{ij}^{(k)}$ 为 v_i 到 v_j 的长度为 k 的**通路数**，而元素 $a_{ii}^{(k)}$ 为 v_i 到 v_i 的长度为 k 的**回路数**.

例 6.3-5 求图 6.3-3 所示无向图的 v_1 到 v_2，v_2 到 v_3 长度为 4 的通路数，v_4 到 v_4 长度为 4 的回路数.

解 图 6.3-3 所示的邻接矩阵为：

$$\boldsymbol{A}(G)=\begin{pmatrix} 0 & 1 & 0 & 1 \\ 1 & 0 & 1 & 1 \\ 0 & 1 & 0 & 2 \\ 1 & 1 & 2 & 0 \end{pmatrix},$$

$$\boldsymbol{A}^2(G)=\begin{pmatrix} 0 & 1 & 0 & 1 \\ 1 & 0 & 1 & 1 \\ 0 & 1 & 0 & 2 \\ 1 & 1 & 2 & 0 \end{pmatrix}\times\begin{pmatrix} 0 & 1 & 0 & 1 \\ 1 & 0 & 1 & 1 \\ 0 & 1 & 0 & 2 \\ 1 & 1 & 2 & 0 \end{pmatrix}=\begin{pmatrix} 2 & 1 & 3 & 1 \\ 1 & 3 & 2 & 3 \\ 3 & 2 & 5 & 1 \\ 1 & 3 & 1 & 6 \end{pmatrix},$$

$$\boldsymbol{A}^3(G)=\begin{pmatrix} 2 & 1 & 3 & 1 \\ 1 & 3 & 2 & 3 \\ 3 & 2 & 5 & 1 \\ 1 & 3 & 1 & 6 \end{pmatrix}\times\begin{pmatrix} 0 & 1 & 0 & 1 \\ 1 & 0 & 1 & 1 \\ 0 & 1 & 0 & 2 \\ 1 & 1 & 2 & 0 \end{pmatrix}=\begin{pmatrix} 2 & 6 & 3 & 9 \\ 6 & 6 & 9 & 8 \\ 3 & 9 & 4 & 15 \\ 9 & 8 & 15 & 6 \end{pmatrix},$$

$$A^4(G) = \begin{pmatrix} 2 & 6 & 3 & 9 \\ 6 & 6 & 9 & 8 \\ 3 & 9 & 4 & 15 \\ 9 & 8 & 15 & 6 \end{pmatrix} \times \begin{pmatrix} 0 & 1 & 0 & 1 \\ 1 & 0 & 1 & 1 \\ 0 & 1 & 0 & 2 \\ 1 & 1 & 2 & 0 \end{pmatrix} = \begin{pmatrix} 15 & 14 & 24 & 14 \\ 14 & 23 & 22 & 30 \\ 24 & 22 & 39 & 20 \\ 14 & 30 & 20 & 47 \end{pmatrix}.$$

可见对于无向图,矩阵是对称的,v_1 到 v_2 长度为 4 的通路数有 14 条,v_2 到 v_3 长度为 4 的通路数有 22 条,v_4 到 v_4 长度为 4 的回路数有 47 条.

例 6.3-6　求图 6.3-4 所示有向图的 v_1 到 v_2,v_2 到 v_3 长度为 4 的通路数,v_4 到 v_4 长度为 4 的回路数.

解　图 6.3-4 所示的邻接矩阵为:

$$A(D) = \begin{pmatrix} 0 & 0 & 0 & 1 \\ 1 & 0 & 0 & 0 \\ 0 & 1 & 0 & 1 \\ 0 & 1 & 1 & 0 \end{pmatrix},$$

$$A^2(D) = \begin{pmatrix} 0 & 0 & 0 & 1 \\ 1 & 0 & 0 & 0 \\ 0 & 1 & 0 & 1 \\ 0 & 1 & 1 & 0 \end{pmatrix} \times \begin{pmatrix} 0 & 0 & 0 & 1 \\ 1 & 0 & 0 & 0 \\ 0 & 1 & 0 & 1 \\ 0 & 1 & 1 & 0 \end{pmatrix} = \begin{pmatrix} 0 & 1 & 1 & 0 \\ 0 & 0 & 0 & 1 \\ 1 & 1 & 1 & 0 \\ 1 & 1 & 0 & 1 \end{pmatrix},$$

$$A^3(D) = \begin{pmatrix} 0 & 1 & 1 & 0 \\ 0 & 0 & 0 & 1 \\ 1 & 1 & 1 & 0 \\ 1 & 1 & 0 & 1 \end{pmatrix} \times \begin{pmatrix} 0 & 0 & 0 & 1 \\ 1 & 0 & 0 & 0 \\ 0 & 1 & 0 & 1 \\ 0 & 1 & 1 & 0 \end{pmatrix} = \begin{pmatrix} 1 & 1 & 0 & 1 \\ 0 & 1 & 1 & 0 \\ 1 & 1 & 0 & 2 \\ 1 & 1 & 1 & 1 \end{pmatrix},$$

$$A^4(D) = \begin{pmatrix} 1 & 1 & 0 & 1 \\ 0 & 1 & 1 & 0 \\ 1 & 1 & 0 & 2 \\ 1 & 1 & 1 & 1 \end{pmatrix} \times \begin{pmatrix} 0 & 0 & 0 & 1 \\ 1 & 0 & 0 & 0 \\ 0 & 1 & 0 & 1 \\ 0 & 1 & 1 & 0 \end{pmatrix} = \begin{pmatrix} 1 & 1 & 1 & 1 \\ 1 & 1 & 0 & 1 \\ 1 & 2 & 2 & 1 \\ 1 & 2 & 1 & 2 \end{pmatrix}.$$

可见对于有向图,矩阵不一定是对称的,v_1 到 v_2 长度为 4 的通路数有 1 条,v_2 到 v_3 长度为 4 的通路数有 0 条,v_4 到 v_4 长度为 4 的回路数有 2 条.

6.3.3　图的可达矩阵

定义 6.3-5　设图 $D = \langle V, E \rangle$,顶点集 $V = \{v_1, v_2, \cdots, v_n\}$,$i, j = 1, 2, \cdots, n$,令

$$p_{ij} = \begin{cases} 0 & (v_i \text{ 不可达 } v_j), \\ 1 & (v_i \text{ 可达 } v_j), \end{cases}$$

则 $(p_{ij})_{n \times n}$ 称为 D 的**可达矩阵**,记作 $\mathbf{P}(D)$.

例 6.3-7　求图 6.3-5 所示有向图的可达矩阵.

解　先求出邻接矩阵为:

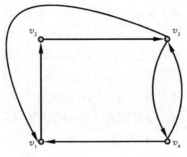

图 6.3-5

$$A(D) = \begin{pmatrix} 0 & 1 & 0 & 0 \\ 0 & 0 & 1 & 0 \\ 1 & 0 & 0 & 1 \\ 1 & 0 & 1 & 0 \end{pmatrix}.$$

然后求 $A^2(D), A^3(D), A^4(D)$,注意此处采用逻辑矩阵运算,即

$$A^2(D) = \begin{pmatrix} 0 & 1 & 0 & 0 \\ 0 & 0 & 1 & 0 \\ 1 & 0 & 0 & 1 \\ 1 & 0 & 1 & 0 \end{pmatrix} \times \begin{pmatrix} 0 & 1 & 0 & 0 \\ 0 & 0 & 1 & 0 \\ 1 & 0 & 0 & 1 \\ 1 & 0 & 1 & 0 \end{pmatrix} = \begin{pmatrix} 0 & 0 & 1 & 0 \\ 1 & 0 & 0 & 1 \\ 1 & 1 & 1 & 0 \\ 1 & 1 & 0 & 1 \end{pmatrix},$$

$$A^3(D) = \begin{pmatrix} 0 & 0 & 1 & 0 \\ 1 & 0 & 0 & 1 \\ 1 & 1 & 1 & 0 \\ 1 & 1 & 0 & 1 \end{pmatrix} \times \begin{pmatrix} 0 & 1 & 0 & 0 \\ 0 & 0 & 1 & 0 \\ 1 & 0 & 0 & 1 \\ 1 & 0 & 1 & 0 \end{pmatrix} = \begin{pmatrix} 1 & 0 & 0 & 1 \\ 1 & 1 & 1 & 0 \\ 1 & 1 & 1 & 1 \\ 1 & 1 & 1 & 0 \end{pmatrix},$$

$$A^4(D) = \begin{pmatrix} 1 & 0 & 0 & 1 \\ 1 & 1 & 1 & 0 \\ 1 & 1 & 1 & 1 \\ 1 & 1 & 1 & 0 \end{pmatrix} \times \begin{pmatrix} 0 & 1 & 0 & 0 \\ 0 & 0 & 1 & 0 \\ 1 & 0 & 0 & 1 \\ 1 & 0 & 1 & 0 \end{pmatrix} = \begin{pmatrix} 1 & 1 & 1 & 0 \\ 1 & 1 & 1 & 1 \\ 1 & 1 & 1 & 1 \\ 1 & 1 & 1 & 1 \end{pmatrix}.$$

最后求出 $P(D) = A(D) \vee A^2(D) \vee A^3(D) \vee A^4(D)$,采用矩阵逻辑加运算得可达矩阵:

$$P(D) = \begin{pmatrix} 0 & 1 & 0 & 0 \\ 0 & 0 & 1 & 0 \\ 1 & 0 & 0 & 1 \\ 1 & 0 & 1 & 0 \end{pmatrix} \vee \begin{pmatrix} 0 & 0 & 1 & 0 \\ 1 & 0 & 0 & 1 \\ 1 & 1 & 1 & 0 \\ 1 & 1 & 0 & 1 \end{pmatrix} \vee \begin{pmatrix} 1 & 0 & 0 & 1 \\ 1 & 1 & 1 & 0 \\ 1 & 1 & 1 & 1 \\ 1 & 1 & 1 & 0 \end{pmatrix} \vee \begin{pmatrix} 1 & 1 & 1 & 0 \\ 1 & 1 & 1 & 1 \\ 1 & 1 & 1 & 1 \\ 1 & 1 & 1 & 1 \end{pmatrix}$$

$$= \begin{pmatrix} 1 & 1 & 1 & 1 \\ 1 & 1 & 1 & 1 \\ 1 & 1 & 1 & 1 \\ 1 & 1 & 1 & 1 \end{pmatrix}.$$

可见矩阵所有元素均为 1,任何两点都可达,因此为强连通图.

6.4 图 的 应 用

图论对开关理论与逻辑设计、电路的分析与设计、计算机制图、操作系统、编译系统，以及信息的组织与检索起到重要作用. 例如电路的分析与设计，对于现代计算机及网络智能设备的设计研发，起到至关重要的作用. 对于简单的串联和并联电路，可以采用欧姆定律和串联、并联的性质，对于复杂的电路，可以采用基尔霍夫定律，包括基尔霍夫电流定律(简称 KCL)和基尔霍夫电压定律(简称 KVL). 进行电路分析时，利用网络图论的方法，对电路的结构及其连接性质进行分析和研究，能简化运算过程，把节点方程直接写出，使得电路分析的系统化更加便捷. 例如电路的图由支路和节点组成，用 G 表示，每一条支路代表一个电路元件或一些电路元件的某种组合，每一条支路都连接在电路图的两个节点之间. 如图 6.4-1 的(a)、(b)分别画出了两个具体的电路及与它们所对应的图，如果给出支路电流和电压的参考方向，可以看出，抛开支路内容和元件性质，它们的图是一样的.

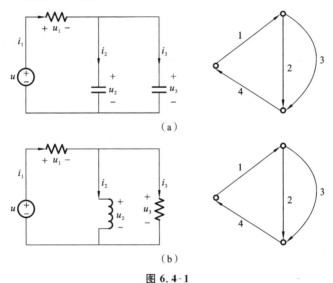

（a）

（b）

图 6.4-1

也就是说，列出的 KCL、KVL 方程是一样的，即

$$\begin{cases} i_1 = i_2 + i_3, \\ u_1 + u_2 + u_4 = 0, \\ u_2 = u_3. \end{cases}$$

这说明电路图只与连接结构有关，与支路元件性质无关.

又如图 6.4-2 所示的表征了电路的结构和拓扑，依据电路图可以写出关联矩阵，从而方便分析. 关联矩阵用于节点-支路的分析，一条支路连接两个节点，称该支路与这两个节点相关联，节点与支路的关联性质可用矩阵 **A** 描述. 矩阵 **A** 的每一行对应

一个节点,每一列对应一条支路,每一个元素定义为

$$a_{jk} = \begin{cases} 1\ (\text{支路}\ k\ \text{与节点}\ j\ \text{关联,方向背离节点}), \\ -1\ (\text{支路}\ k\ \text{与节点}\ j\ \text{关联,方向指向节点}), \\ 0\ (\text{支路}\ k\ \text{与节点}\ j\ \text{无关联}). \end{cases}$$

在所示的电路图中,其关联矩阵为:

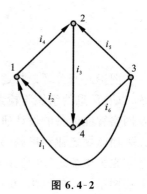

图 6.4-2

$$A = \begin{pmatrix} -1 & -1 & 0 & 1 & 0 & 0 \\ 0 & 0 & 1 & -1 & -1 & 0 \\ 1 & 0 & 0 & 0 & 1 & 1 \\ 0 & 1 & -1 & 0 & 0 & -1 \end{pmatrix}.$$

矩阵的每一列元素之和为 0. 矩阵中任何一行可以从

其他 $n-1$ 行导出,即只有 $n-1$ 行是独立的,因此可以引入降阶关联矩阵.

设 4 为参考节点,第 4 行值=(第 1 行值+第 2 行值+第 3 行值)×(−1),得到
降阶矩阵为:

$$A_4 = \begin{pmatrix} -1 & -1 & 0 & 1 & 0 & 0 \\ 0 & 0 & 1 & -1 & -1 & 0 \\ 1 & 0 & 0 & 0 & 1 & 1 \end{pmatrix}.$$

设 3 为参考节点,第 3 行值=(第 1 行值+第 2 行值+第 4 行值)×(−1),得到
降阶矩阵为:

$$A_3 = \begin{pmatrix} -1 & -1 & 0 & 1 & 0 & 0 \\ 0 & 0 & 1 & -1 & -1 & 0 \\ 0 & 1 & -1 & 0 & 0 & -1 \end{pmatrix}.$$

矩阵形式的 KCL 方程为:

$$Ai = 0$$

用关联矩阵 A 表示矩阵形式的 KCL 方程,设

$$i = [i_1\ i_2\ i_3\ i_4\ i_5\ i_6]^{\mathrm{T}}.$$

以 4 为参考节点,则 KCL 方程为:

$$Ai = \begin{pmatrix} -1 & -1 & 0 & 1 & 0 & 0 \\ 0 & 0 & 1 & -1 & -1 & 0 \\ 1 & 0 & 0 & 0 & 1 & 1 \end{pmatrix} \begin{pmatrix} i_1 \\ i_2 \\ i_3 \\ i_4 \\ i_5 \\ i_6 \end{pmatrix} = \begin{pmatrix} -i_1 & -i_2 & +i_4 \\ i_3 & -i_4 & -i_5 \\ i_1 & +i_5 & +i_6 \end{pmatrix} = 0.$$

矩阵形式的 KVL 方程为:

$$A^{\mathrm{T}} u_n = u$$

用矩阵 A^{T} 表示矩阵形式的 KVL 方程,设

$$\boldsymbol{u}=\left[u_1,u_2,u_3,u_4,u_5,u_6\right]^{\mathrm{T}},\qquad \boldsymbol{u}_n=\begin{pmatrix}u_{n1}\\u_{n2}\\u_{n3}\end{pmatrix}.$$

以 4 为参考节点,则 KVL 方程为:

$$\begin{pmatrix}-1&0&1\\-1&0&0\\0&1&0\\1&-1&0\\0&-1&1\\0&0&1\end{pmatrix}\begin{pmatrix}u_{n1}\\u_{n2}\\u_{n3}\end{pmatrix}=\begin{pmatrix}-u_{n1}+u_{n3}\\-u_{n1}\\u_{n2}\\u_{n1}-u_{n2}\\-u_{n2}+u_{n3}\\u_{n3}\end{pmatrix}=\begin{pmatrix}u_1\\u_2\\u_3\\u_4\\u_5\\u_6\end{pmatrix}.$$

关于图在电路中的进一步应用,读者可在学完后续知识后,参考有"电路分析"内容的书籍.

本 章 总 结

本章主要介绍了图的基本概念、图的连通性、图的矩阵表示等.主要包括以下几点.

(1) 图是由顶点集和边集构成的序偶,记作 $\langle V,E\rangle$,其中边集可分为无向边和有向边,对应的图分别为无向图 G 和有向图 D.若两个顶点有边,则称它们是相邻的;若一个顶点是一条边的端点,则称边关联顶点;与顶点关联的边的数目称为顶点的度,对于有向图,度还可分为出度和入度.每对顶点都有边连接的称为完全图;所有顶点都有相同度的称为正则图;以所有能使 G 成为完全图的添加的边组成的集合为边集的图,称为 G 的补图.图的同构简单地说,就是点集和边集的映射关系.

(2) 通路就是图的一个顶点和边交替序列,任意相邻的两个顶点,就是所夹的边的端点;通路所含边的数目称为通路的长度;当起点和终点相同时,称通路为回路.

如果通路中所有边互不相同,称为简单通路;如果回路中所有边互不相同,称为简单回路.如果通路的所有顶点互不相同,从而所有边也互不相同,称为初级通路或路径;如果回路中顶点除起点终点外,均互不相同,并且所有边也互不相同,称为初级回路或圈.

无向图的每对顶点之间都有通路,称为连通图.图的最大连通子图称为连通分支.有向图的每对顶点都存在有向通路称为强连通,此外还有单向连通和弱连通.割集就是使图保持连通性的必经之路,分为点割集和边割集.

(3) 图的矩阵表示,可分为关联矩阵、邻接矩阵和可达矩阵.关联矩阵的每个元素代表顶点和边的关联次数,对于有向图还区分起点和终点.邻接矩阵的每个元素代表两个顶点之间边的条数,通过邻接矩阵的乘法,可以得到通路和回路数.可达矩阵的每个元素代表两顶点是否可达,由邻接矩阵的布尔乘积可以得到可达矩阵.

本章需要重点掌握的内容.

(1) 理解和掌握图、无向图、有向图、子图与真子图、生成子图、完全图与正则图、空图与平凡图、补图、图的同构、通路与回路、简单通路与初级通路等概念.

(2) 理解和掌握节点的度、出度与入度的概念,特别是能熟练应用握手定理.

(3) 理解和掌握无向图的连通性问题,包括连通图、非连通图与连通分支的概念.

(4) 理解和掌握有向图的连通性问题,包括强连通图,单连通图和弱连通图的概念.

(5) 理解和掌握无向图和有向图的矩阵表示,包括邻接矩阵、关联矩阵和可达矩阵.

习　　题

1. 画一个图,顶点度数是 $2,3,4,5,6$.

2. 求图题 2 所示的每个顶点的度.

3. 设 n 阶图 G 有 m 条边,每个节点度数不是 k 就是 $k+1$,求 G 中有多少个 k 度节点.

4. 求图题 4 所示有向图的每个顶点的入度和出度.

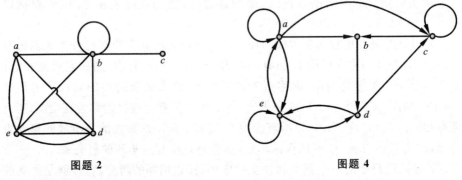

图题 2　　　　　　　　　　　　　　　图题 4

5. 画出图题 5 所示的补图.

6. 在图题 6 所示的有向图中,写出从 v_1 到 v_4 长度为 3 的通路.

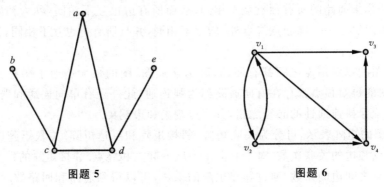

图题 5　　　　　　　　　　　　　　　图题 6

7. 证明:若图 G 中恰有两个奇数顶点,则这两个顶点是连通的.

8. 证明:若图 G 不连通,则 G 的补图 G' 是连通的.

9. 证明:在 n 阶连通图中,至少有 $n-1$ 条边.

10. 写出图题 10 所示无向图的关联矩阵.

11. 写出图题 11 所示有向图的关联矩阵.

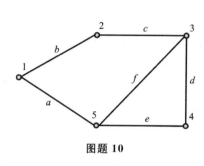

图题 10

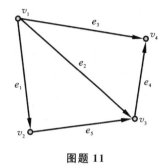

图题 11

12. 写出图题 12 所示有向图的邻接矩阵.

13. 求图题 13 所示有向图 D 的可达矩阵,并判断图的连通性.

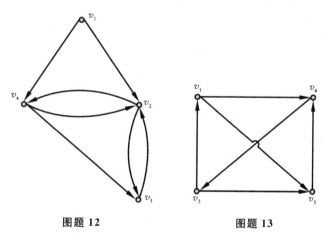

图题 12

图题 13

14. 求图题 14 所示有向图 D 的可达矩阵,并判断图的连通性.

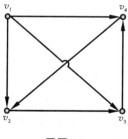

图题 14

兴 趣 阅 读

图论的发展史

图论的产生和发展经历了二百多年的历史,大体上可分为三个阶段.

1. 第一阶段是从 1736 年到 19 世纪中叶

当时的图论问题是盛行的迷宫问题和游戏问题.最具有代表性的工作是著名数学家 L·欧拉于 1736 年解决的哥尼斯堡 7 桥问题(konigsberg seven bridges problem).东普鲁士的哥尼斯堡城(现今是俄罗斯的加里宁格勒,在波罗的海南岸)位于普雷格尔河的两岸,河中有一个岛,于是城市被河的分支和岛分成了 4 个部分,各部分通过 7 座桥彼此相通.如同德国其他城市的居民一样,该城的居民喜欢在星期日绕城散步.于是产生了这样一个问题:从 4 部分陆地任一块出发,按什么样的路线能做到每座桥经过一次且仅一次返回出发点.这就是有名的哥尼斯堡 7 桥问题.哥尼斯堡 7 桥问题看起来不复杂,因此立刻吸引所有人的注意,但是实际上很难解决.

瑞士数学家 L·欧拉在 1736 年发表的"哥尼斯堡 7 桥问题"的文章中解决了这个问题.这篇论文被公认为是图论历史上的第一篇论文,欧拉也因此被誉为图论之父.欧拉把 7 桥问题抽象成数学问题——一笔画问题,并给出一笔画问题的判别准则,从而判定 7 桥问题不存在解.欧拉是这样解决这个问题的:将 4 块陆地表示成 4 个点,桥看成是对应节点之间的连线,则哥尼斯堡 7 桥问题就变成了从 A、B、C、D 任一点出发,通过每边一次且仅此一次返回原出发点的路线(回路)是否存在? 欧拉证明这样的回路是不存在的.

2. 第二阶段是从 19 世纪中叶到 1936 年

图论主要研究一些博弈问题、棋盘上棋子的行走线路等问题.一些图论中的著名问题如四色问题(1852 年)和哈密顿环游世界问题(1856 年)也大量出现.同时出现了以图为工具去解决其他领域中一些问题的成果.1847 年德国的基尔霍夫将树的概念和理论应用于工程技术的电网络方程组的研究.1857 年英国的凯莱也独立地提出了树的概念,并应用于有机化合物的分子结构的研究中.1936 年匈牙利的数学家哥尼格写出了第一本图论专著《有限图与无限图的理论》"Theory of directed and Undirected Graphs".标志着图论作为一门独立学科.

3. 第三阶段是 1936 年以后

由于生产管理、军事、交通运输、计算机和通信网络等方面大量问题的出现,大大促进了图论的发展.特别是电子计算机的大量应用,使大规模问题的求解成为可能.实际问题如电网络、交通网络、电路设计、数据结构以及社会科学中的问题所涉及的图形都是很复杂的,需要计算机的帮助才有可能进行分析和解决.目前图论在物理、化学、运筹学、计算机科学、电子学、信息论、控制论、网络理论、社会科学,以及经济管理等学科领域都有应用.

第7章 特 殊 图

在上一章中,我们定义了图及图论中的基本概念.图实际上是一个抽象的系统,是从现实中各种各样的具体的系统出发,经过高度概括而形成的.在本章,我们将在上一章的基础上,进一步地讨论一些结构特殊的图.这些图反映了某些特殊系统的最根本的系统特性,它们在物理学、化学、电子学、人文学、系统科学、计算机科学等诸多学科中有着广泛的应用.本章主要讨论欧拉图、哈密顿图、二部图、树等特殊图.

7.1 欧 拉 图

哥尼斯堡濒临波罗的海,一条普莱格尔河川流而过,把城市分成 4 块,于是人们建造了 7 座各具特色的桥,如图 7.1-1 所示.

有人提出这样一个问题,谁能够从 A、B 两岸或 C、D 两岛中的任何一个地方出发一次,走遍所有 7 座桥,而且每座桥都只通过一次.这个问题看起来不难,但谁也解决不了.直到数学家欧拉将 4 块陆地和 7 座桥用一个抽象的图来表示,用 4 个点来表示 4 块陆地,陆地之间有桥相连则用连接两个点的线来表示,如图 7.1-2 所示.

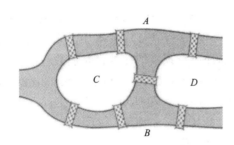

图 7.1-1

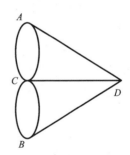

图 7.1-2

欧拉图起源于哥尼斯堡 7 桥问题,即图 7.1-2 所示的图是否存在经过每条边一次且仅一次的简单回路.欧拉在 1736 年发表的论文中指出,这样的回路是不存在的,从而指出哥尼斯堡 7 桥问题无解.下面详细讨论.

定义 7.1-1 设图 $G=\langle V,E\rangle$,通过 G 的每一条边一次且仅有一次的通路称为**欧拉通路**.若 G 中的欧拉通路又是回路,则称它为**欧拉回路**.具有欧拉回路的图称为**欧拉图**.规定平凡图为欧拉图.

注意:回路看成通路的特殊情况,若 G 中存在欧拉回路,其本身也是欧拉通路;但有欧拉通路的图,不一定有欧拉回路,不能算作欧拉图.

在图 7.1-3 中,图(a)无欧拉通路,更无欧拉回路;图(b)只有欧拉通路,没有欧拉回路;图(c)有欧拉回路;图(d)就是哥尼斯堡 7 桥问题,无欧拉通路,更无欧拉回路;图(e)为有向图,有欧拉回路.

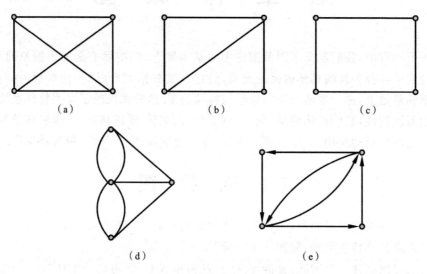

图 7.1-3

下面给出判断欧拉回路的充要条件:

定理 7.1-1 设无向连通图 $G=\langle V,E\rangle$ 为非平凡图,则 G 有欧拉回路,当且仅当 G 中所有顶点的度数都是偶数.

证明 必要性:设 $T=v_0 e_1 v_1 e_2 \cdots v_{n-1} e_n v_n$ 为 G 中的一条欧拉回路,则 $v_0=v_n$,且 $e_1,e_2,\cdots,e_n$ 互不相同,因此对于任意 $v_i(i=0,1,\cdots,n-1)$,在 T 中出现一次就获得 2 度,若总共 k 次经过顶点 v_i,则 $d(v_i)=2k$,即所有顶点的度数都是偶数.

充分性:作 G 的一条最长回路 C,并假设 C 不是欧拉回路,这样在 C 中必存在 $x_k \in V(C)$ 及其关联的边 $e=\{x_k,x_1\}\notin C$;又因为 $d(x_1)$ 是偶数,所以存在 $e_1=\{x_1,x_2\}$, $e_2=\{x_2,x_3\},\cdots,e_n=\{x_n,x_k\}$,这样在 G 中又找到一条回路 C',若 $G=C\cup C'$,则结论成立,反之继续寻找,总可以找到符合条件的回路.

下面给出判断欧拉通路的充要条件:

定理 7.1-2 设无向连通图 $G=\langle V,E\rangle$ 为非平凡图,则 G 有欧拉通路,但无欧拉回路,当且仅当 G 中有 2 个度数为奇数的顶点.

证明 必要性:设 $T=v_0 e_1 v_1 e_2 \cdots v_{n-1} e_n v_n$ 为 G 中的一条欧拉通路,由于不是欧拉回路,因此 $v_0\neq v_n$.所以 T 的起点 v_0 和终点 v_n 的度数是奇数,其余顶点的度数是偶数.

充分性:设 G 中两个度数为奇数的顶点分别为 a 和 b,在 G 中加一条边 $e=(a,b)$ 得到 G',则 G' 的每个节点的度数均为偶数,因而 G' 中存在欧拉回路,故 G 中存在欧拉通路.

例 7.1-1 (1)哥尼斯堡 7 桥问题,参见图 7.1-3(d)所示的图,有 4 个度数为奇数的顶点,因此图中不存在欧拉通路,更不存在欧拉回路.

（2）图 7.1-3(a)所示的图,有 4 个度数为奇数的顶点,因此图中不存在欧拉通路,更不存在欧拉回路.

（3）图 7.1-3(b)所示的图,有 2 个度数为奇数的顶点,因此图中存在欧拉通路,但不存在欧拉回路.

（4）图 7.1-3(c)所示的图,所有顶点的度数为偶数,因此图中存在欧拉回路.

定理 7.1-3　设有向连通图 $D=\langle V,E\rangle$,则 D 有欧拉回路,当且仅当 D 中每个顶点的入度数等于出度数.

定理 7.1-4　设有向连通图 $D=\langle V,E\rangle$,则 D 有欧拉通路而无欧拉回路,当且仅当 D 中一个顶点的入度数比出度数大 1,另一个顶点的入度数比出度数小 1,而其余每个节点的入度等于出度.

这两个定理的证明方法与前面两个类似,这里省略.

例 7.1-2　图 7.1-3 (e)图,左上右下 2 个顶点的出度数和入度数都是 1,另外 2 个顶点的出度数和入度数都是 2,因此图中存在欧拉回路.

如何在已知的欧拉图 $G=\langle V,E\rangle$ 中,构造一条欧拉回路? 用下面的弗勒里算法.

（1）任取 G 中一个顶点 v_0,令 $P_0=v_0$.

（2）假设路径 $P_i=v_0 e_1 v_1 e_2 \cdots e_i v_i$ 已选定,按下面方法从 $E(G)-\{e_1 e_2 \cdots e_i\}$ 中选 e_{1+1} 有:

①e_{1+1} 与 v_{1+1} 相关联;

②除非没有别的边可选择,否则 e_{1+1} 不能是 $G-\{e_1 e_2 \cdots e_i\}$ 的割边;

③当不能执行②步时,算法停止.

例 7.1-3　某博物馆的布置如图 7.1-4(a)所示,其中边代表走廊,顶点 e 是入口,g 是出口,找出从 e 进入,经过每个走廊一次,最后从 g 离开的路线.

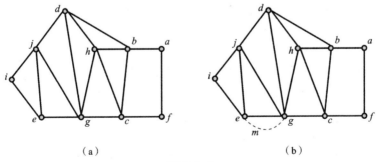

（a）　　　　　　　　　　　　（b）

图 7.1-4

解　从图中可以看出,结点 e 和 g 的度数为奇数,其余的结点的度数都是偶数,因此图中有欧拉通路但没有欧拉回路. 从而将点 e 和 g 用平行边 m 连接起来,使之形成欧拉图,如图 7.1-4(b)所示,然后用弗勒里算法求出欧拉回路为:

$$T=emgcfabchbdhgdjiejge.$$

最后去掉平行边 m，得到欧拉通路为：

$$T' = egcfabchbdhgdjiejg.$$

从这些例子可以看出，欧拉图允许一个顶点被访问多次，有些场合要求不重复的访问图中每一个顶点，这就是下一节所研究的哈密顿图.

7.2 哈 密 顿 图

哈密顿图起源于"周游世界"的游戏，一个实心的正十二面体，每面是一个正五边形，在 20 个顶点上标上世界著名城市的名字，要求游戏者从某一城市出发，遍历各城市一次，最后回到原地，如图 7.2-1 所示，即找出一个包含全部顶点的回路.

定义 7.2-1 设图 $G = \langle V, E \rangle$ 是一个连通图，无向或有向，通过图 G 的每个顶点一次且仅一次的通路称为**哈密顿通路**，通过图 G 的每个顶点一次且仅一次的回路称为**哈密顿回路**. 具有哈密顿回路的图称为**哈密顿图**. 规定平凡图为**哈密顿图**.

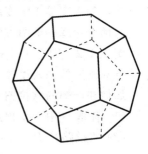

图 7.2-1

虽然哈密顿图和欧拉图有些相似，但还是有很大区别：欧拉通路未必是哈密顿通路，因为欧拉通路可以经过同一顶点多次；哈密顿通路未必是欧拉通路，因为哈密顿通路不一定要经过图中所有的边. 此外，给出一个图是哈密顿图的充要条件，是目前尚未解决的问题.

下面给出一个图是哈密顿图的必要条件.

定理 7.2-1 图 $G = \langle V, E \rangle$ 是哈密顿图，则 V 的任何一个非空真子集 S，导出子图 $G-S$ 的分支数目 $k(G-S)$ 均满足 $k(G-S) \leqslant |S|$.

证明 设 C 是图 G 的一个圈，考虑两种特殊情况.

(1) S 中只含有 C 中的各邻接顶点，这时 $C-S$ 显然是连通的，因此有 $k(C-S) = 1$，表明在 C 中删除相邻接的顶点，分支数不变.

(2) S 中含有 r 个在 C 中均不邻接的顶点，这时图 $C-S$ 有 r 个分支，于是 $k(C-S) = r$，$|S| = r$，表明删除 r 个互不邻接的顶点，$C-S$ 的分支数为 r.

因此如果 S 含有邻接的顶点又含有不邻接的顶点，那么我们有 $k(C-S) \leqslant |S|$，同时 $C-S$ 是 $G-S$ 的一个生成子图，因而 $k(G-S) \leqslant k(C-S) \leqslant |S|$.

例 7.2-1 图 G 如图 7.2-2(a) 所示，G 中是否存在哈密顿回路？

解 取 $S = \{a_1, a_2\}$，去掉 S 后的图 $G-S$ 如图 7.2-2(b) 所示，可见 $k(G-S) = 3$，而 $|S| = 2$，因此 G 中不存在哈密顿回路.

例 7.2-2 判定图 7.2-3(a) 所示的是否为哈密顿图.

解 图 7.2-3(a) 称为彼得森图，取 $S = \{a, b\}$，去掉 S 后的图 $G-S$ 如图 7.2-3(b) 所示，可见它是连通的，即 $k(G-S) = 1$，而 $|S| = 2$，满足 $k(G-S) \leqslant |S|$，但它却

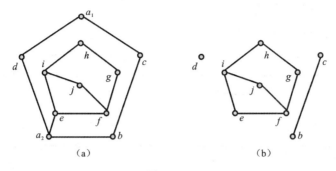

图 7.2-2

不是哈密顿图. 这说明定理 7.2-1 中的条件, 是哈密顿图的一个必要条件, 而不是充分条件.

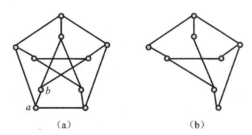

图 7.2-3

定理 7.2-2　设 $G=\langle V,E\rangle$ 是 n 阶无向简单图, 如果对 G 中任意两个不相邻的节点 u、v, 均有 $d(u)+d(v)\geqslant n-1$, 则 G 中存在哈密顿通路.

证明　首先证明 G 是连通图, 采用反证法.

假设 G 不连通, 设 G_1 和 G_2 是 G 中阶数分别为 n_1 和 n_2 的两个连通分支, 则 $n_1+n_2\leqslant n$, 又设 u 和 v 分别在 G_1 和 G_2 中, 由于 G 是简单图, 所以 G_1 和 G_2 也是简单图, 因此

$$d(u)+d(v)\leqslant n_1-1+n_2-1=n_1+n_2-2\leqslant n-2.$$

这与 $d(u)+d(v)\geqslant n-1$ 矛盾, 所以 G 是连通的.

然后证明 G 中存在哈密顿通路: 设极大路径 $T=v_1v_2\cdots v_k$, 即 T 的始点 v_1 和终点 v_k 不与 T 外的节点相邻, 显然 $k\leqslant n$.

① 若 $k=n$, 则 T 为 G 中经过所有节点的通路, 即为哈密顿通路.

② 若 $k<n$, 说明 G 中还存在顶点不在 T 上, 下面证明 G 中存在过 T 上所有顶点的圈.

若 v_1 与 v_k 相邻, 则 $C=T\bigcup(v_1,v_k)$ 为过 T 上所有顶点的圈.

若 v_1 与 v_k 不相邻, 设 v_1 在 T 上与 $v_{i_1}=v_2$, v_{i_2}, v_{i_3}, $\cdots$, v_{i_k} 相邻, 则 $k\geqslant 2$, 否则 $d(v_1)+d(v_k)\leqslant 1+k-2<n-1$, 与题设矛盾. 此时 v_k 必与 v_{i_2}, v_{i_3}, $\cdots$, v_{i_k} 相邻的顶点 v_{i_2-1}, v_{i_3-1}, $\cdots$, v_{i_k-1} 之一相邻, 否则 $d(v_1)+d(v_k)\leqslant j+k-2-(j-1)=k-1<n-1$.

设 v_k 与 v_{i_r-1} 相邻,如图 7.2-4(a)和(b)所示,

删除边 (v_{i_r-1}, v_{i_r}) 得到圈 $C = v_1 v_2 \cdots v_{i_r-1} v_k v_{k-1} \cdots v_{i_r} v_1$.

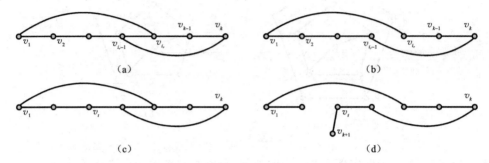

图 7.2-4

③ 最后证明存在比 T 更长的通路. 因为 G 的连通性,所以存在 C 外的顶点与 C 上的顶点相邻,设 $v_{k+1} \in V - V(C)$ 且与 C 上顶点 v_t 相邻,删除边 (v_{t-1}, v_t) 得到顶点数为 $k+1$ 的路径 T',如图 7.2-4(c)和(d)所示,对于 T' 重复上述①、②、③步,因为 G 为有限图,有限步骤中一定得到 G 中的哈密顿通路.

定理 7.2-3 设 $G = \langle V, E \rangle$ 是具有 n 个节点的简单无向图,$n \geq 3$,如果对于任意两个不相邻的顶点 u、$v \in V$,均有 $d(u) + d(v) \geq n$,则 G 中存在哈密顿回路.

推论 1 设 $G = \langle V, E \rangle$ 是具有 n 个节点的简单无向图,$n \geq 3$,如果对于任意 $v \in V$,均有

$$d(v) \geq \frac{n}{2},$$

则 G 是哈密顿图.

定理 7.2-2 与定理 7.2-3 分别是哈密顿通路(即半哈密顿图)与哈密顿回路(即哈密顿图)的充分条件.

例 7.2-3 旅行商问题. 有 n 个城市,给出城市之间的道路长度(长度可以为 ∞,表示两个城市之间无交通线). 一个旅行商从某个城市出发,要经过每个城市一次且仅一次,最后回到出发的城市,如何走才使他的路程最短?

这个问题用图论方法描述如下:设 $G = \langle v, e, w \rangle$ 为一个 n 阶完全带权图,各个边的权 $w(e)$ 非负可以为 ∞,求 G 中一条最短的哈密顿回路. 至今没能找到解决旅行商问题的有效算法,这是众多难题中的一个. 可以采用最近邻算法来解决这个问题.

① 从任一顶点出发,记为 v_1,找一个与 v_1 最近的顶点 v_2,$\{v_1, v_2\}$ 为两个顶点的基本通路.

② 若找出有 p 个顶点的基本通路 $\{v_1, v_2, \cdots, v_p\}$,$p \leq n$,在通路外找一个离 v_p 最近的顶点 v_{p+1},将其加入则得到具有 $p+1$ 个顶点的基本道路.

③ 若 $p+1 = n$,转④,否则转②步.

④ 闭合 H 回路,即增加一条边 (v_n, v_1),则 $\{v_1, v_2, \cdots, v_n, v_1\}$ 为一条近似的最短

回路.

　　注意:当最近一个顶点不唯一时,按序取. 最短回路不一定是最短哈密顿回路.

　　图 7.2-5(a)所示的是带权无向完全图,从 a 点出发,用最近邻域法求最短 H 回路,如图 7.2-5(b)所示.

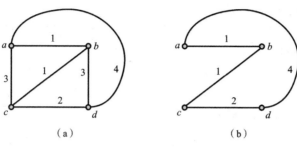

（a）　　　　　　　　　　　　（b）

图 7.2-5

7.3　二　部　图

　　定义 7.3-1　若能将无向图 $G=\langle V,E\rangle$ 的顶点集 V 分成两个子集 V_1 和 V_2,满足 $V_1 \bigcup V_2=V$ 且 $V_1 \bigcap V_2=\varnothing$,并使得 G 中任何一条边的两个端点都有一个属于 V_1,另一个属于 V_2,则称 G 为**二部图**. V_1 和 V_2 称为**互补顶点子集**. 若 V_1 中任何一顶点和 V_2 中任何一顶点有且仅有一条边关联,称二部图 G 为**完全二部图**. 当 $|V_1|=r$,$|V_2|=s$ 时,这样的完全二部图记为 $K_{r,s}$.

　　如图 7.3-1 所示的两个图,图(a)为 $k_{2,3}$,图(b)为 $k_{3,3}$,在完全二部图 $k_{r,s}$ 中,它的顶点数 $n=r+s$,边数 $m=r \cdot s$.

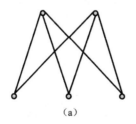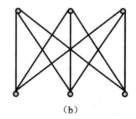

（a）　　　　　　　　　　　　（b）

图 7.3-1

　　定理 7.3-1　无向图 $G=\langle V,E\rangle$ 是二部图,当且仅当它的所有回路长度均为偶数.

　　证明　(1)必要性. 若 G 中无回路,结论成立. 若 G 中有回路,设 V_1 和 V_2 是二分图 G 的 2 个互补顶点集,$v_1,v_2,\cdots,v_k,v_1$ 是 G 中长度为 k 的任意一条回路,不妨设此回路上的下标为奇数的顶点必在顶点集 V_1 中,下标为偶数的顶点在顶点集 V_2 中. 又因为 $v_1 \in V_1$,所以 $v_k \in V_2$,k 为偶数.

　　(2)充分性. 设 G 中所有回路长度均为偶数,若 G 是连通图,任选 $v_0 \in V$,定义 V

的两个子集:$V_1=\{v_i \mid d(v_0,v_i)$ 为偶数 $\}$,$V_2=V-V_1$. 现证明 V_1 中任两顶点间无边存在.

假设存在一条边 $\{v_i,v_j\}\in E$,v_i,$v_j\in V_1$,则 $d(v_0,v_i)$ 为偶数,再加上边 (v_i,v_j),则 $d(v_0,v_j)$ 为奇数,如果这时还有一条不经过 v_i 的路 $d'(v_0,v_j)$ 为偶数,则必然形成一条长度为奇数的回路,与条件矛盾. 所以 $d(v_0,v_j)$ 必为奇数,又与构造要求矛盾. 所以 V_1 中任两顶点间无边存在. 同理可证 V_2 中任两顶点间无边存在.

所以 G 中每条边 (v_i,v_j),必有 $v_i\in V_1$,$v_j\in V_2$ 或 $v_i\in V_2$,$v_j\in V_1$,因此 G 是具有互补顶点子集 V_1 和 V_2 的二分图.

若 G 中每条回路的长度均为偶数,但 G 不是连通图,则可对 G 的每个连通分支重复上述论证,并可得到同样的结论.

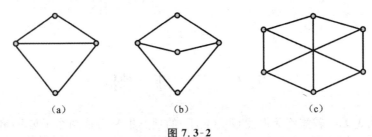

(a)　　　　　　(b)　　　　　　(c)

图 7.3-2

在图 7.3-2 所示图中,图(a)不是二部图,因为它们中均含有奇数长的回路,而图(b)、图(c)均为二部图,其中图(b)与图 7.3-1(a)所示的图同构,图(c)与图 7.3-1(b)所示的图同构. 在画二部图时,最后将 V_1 画在图的上方,V_2 画在图的下方,如图 7.3-1 所示的样子.

在二部图中,可以将 V_1 和 V_2 看成性质不同的事物的集合,比如 V_1 看成人的集合,V_2 看成任务的集合,V_1 中的顶点 v_i 与 V_2 中的顶点 v_j 相邻当且仅当 v_i 能承担任务 v_j,从二部图上容易看出有无满足某种要求的任务分配方案,这就是二部图中的匹配问题.

定义 7.3-2　设无向图 $G=\langle V,E\rangle$,若存在 $M\subseteq E$,使 M 中任意两条边都不相邻,则称 M 为 G 中的一个**匹配**,或称**边独立集**. 如果 M 中再加入任何一条边就都不是匹配了,则称 M 为**极大匹配**. 并称 G 中边数最多的匹配为**最大匹配**,最大匹配中的边的条数称为 G 的**匹配数**,记为 β_1.

设 M 为 G 中的一个匹配,v 为 G 中的任一顶点,若存在 M 中的边与 v 关联,则称 v 为 M **饱和点**,否则称 v 为 M **非饱和点**;若 G 中所有顶点都是 M 饱和点,则称 M 为 G 中**完美匹配**.

无向图 $G=\langle V,E\rangle$ 如图 7.3-3 所示,在图中 $E_1=\{e_3,e_5\}$,$E_2=\{e_1,e_3,e_6\}$,$E_3=\{e_2,e_4\}$ 均为 G 中匹配,其中 E_1 和 E_2 都是极大匹配,E_2 又是最大匹配,同时也是完美匹配. 而 E_3 不是极大匹配,更不是最大匹配.

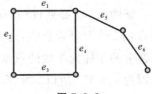

图 7.3-3

下面讨论二部图的匹配.

定义 7.3-3　设二部图 $G=\langle V_1,V_2,E\rangle$，且 $|V_1|\leqslant|V_2|$，M 为 G 中的一个最大匹配，若 $|M|=|V_1|$，则称 M 为 G 中 V_1 到 V_2 的**完备匹配**.

若 $|V_1|=|V_2|$，M 为 G 中完备匹配，同时也是 G 中完美匹配.

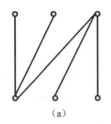 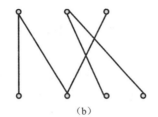 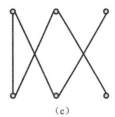

　　　　　（a）　　　　　　　　　　　（b）　　　　　　　　　　　（c）

图 7.3-4

在图 7.3-4 所示图中，图（a）无完备匹配，图（b）与图（c）都存在完备匹配.判断任意二部图中是否存在完备匹配，有下面定理.

定理 7.3-2　设二部图 $G=\langle V_1,V_2,E\rangle$ 中 $|V_1|\leqslant|V_2|$，G 存在从 V_1 到 V_2 的完备匹配当且仅当 V_1 中任意 k 个顶点至少与 V_2 中 k 个顶点相邻.

此定理称为**霍尔定理**，定理中的条件称为相异性条件.在图 7.3-4 中，图（a）不满足相异性条件，V_1 存在两个顶点只与 V_2 中 1 个顶点相邻，因而不存在完备匹配，而图（b）、图（c）都满足相异性条件，因而都存在完备匹配.

例 7.3-1　某中学有 3 个课外活动小组：数学组、计算机组和生物组，今有赵、钱、孙、李、周 5 名同学.已知：

（1）赵、钱为数学组成员，赵、孙、李为计算机组成员，孙、李、周为生物组成员；

（2）赵为数学组成员，钱、孙、李为计算机组成员，钱、孙、李、周为生物组成员；

（3）赵为数学组和计算机组成员，钱、孙、李、周为生物组成员.

问在以上 3 种情况下，能否选出 3 名不兼职的组长？

解　用 v_1、v_2、v_3 分别表示数学组、计算机组和生物组，u_1、u_2、u_3、u_4、u_5 分别表示赵、钱、孙、李、周，若 u_i 是 v_j 的成员，就在 u_i 是 v_j 之间连边，每种情况对应一个二分图，如图 7.3-5 所示.

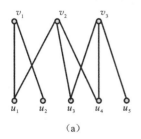 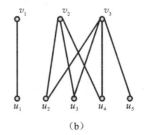 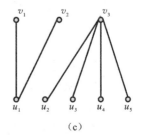

　　　　　（a）　　　　　　　　　　　（b）　　　　　　　　　　　（c）

图 7.3-5

每种情况下是否能选出不兼职的组长,就是看它们对应的二部图中是否存在完备匹配,图(a)满足相异性条件,因而能选出 3 位不兼职的组长;图(b)满足相异性条件,因而能选出 3 位不兼职的组长;图(c)不满足相异性条件,v_1、v_2 只与 u_1 相邻,于是不存在完备匹配,因而不能选出 3 位不兼职的组长.

7.4 树

树是一种历史悠久而又十分重要的图类,树在计算机科学与技术里有着特别重要的作用,比如用树构造有效编码以节省数据存储和传输成本.而常用操作系统,比如 UNIX 或 Windows 的文件目录结构,也都采用树状结构.树的很多概念都源自自然界的树,比如树根、叶子等.

7.4.1 无向树

定义 7.4-1   不含回路的无向连通图称为**无向树**,简称**树**.连通分支数大于 1,且每个连通分支都是树的非连通无向图称为**森林**.仅有一个顶点的树称为**平凡树**.树中度数为 1 的顶点称为**叶子**,度大于 1 的顶点为**分支点**.

如图 7.4-1 所示,图(a)不是树,因为有回路;图(b)是树;图(c)是森林;图(d)是平凡树.

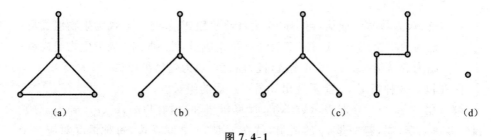

(a)   (b)   (c)   (d)

图 7.4-1

定理 7.4-1   设无向图 $G=\langle V,E \rangle$,p 为顶点数,m 为边数,有下列等价命题:

(1) G 是树;

(2) G 是无回路的,且 $m=p-1$;

(3) G 是连通的,且 $m=p-1$;

(4) G 是无回路的,当在 G 中任意两个不相邻的顶点之间增加一条边,就得到唯一的基本回路;

(5) 删除 G 中任一条边后就不连通;

(6) G 中在任意两个顶点之间有唯一基本通路.

证明   (1)⇒(2).

由树的定义,G 无回路,下面证明 $m=p-1$.

当 $p=1$ 时,$m=0$,显然成立.

假设 $p=k$ 时命题成立,当 $p=k+1$ 时,由于 G 连通而无回路,所以 G 中至少有一个度数为 1 的节点 v_0,在 G 中删去 v_0 及其关联的边,便得到 k 个节点的连通而无回路的图,由归纳假设知它有 $k-1$ 条边.再将节点 v_0 及其关联的边加回得到原图 G,所以 G 中含有 $k+1$ 个节点和 k 条边,符合公式 $m=p-1$.

$(2)\Rightarrow(3)$.

用反证法,假设 G 不连通,设 G 有 k 个连通分支 $(k\geqslant 2)$ $G_1,G_2,\cdots,G_k$,其顶点数分别为 $p_1,p_2,\cdots,p_k$,边数分别为 $m_1,m_2,\cdots,m_k$,且

$$p=\sum_{i=1}^{k}p_i,\quad m=\sum_{i=1}^{k}m_i.$$

由于 G 中无回路,所以每个 $G_i(i=1,2,\cdots,k)$ 均为树,$m_i=p_i-1$ $(i=1,2,\cdots,k)$,因此

$$m=\sum_{i=1}^{k}m_i=\sum_{i=1}^{k}(p_i-1)=p-k<p-1.$$

这与 $m=p-1$ 矛盾,所以 G 是连通的,且 $m=p-1$.

$(3)\Rightarrow(4)$.

首先证明 G 中无回路,对 p 作归纳.

$p=1$ 时,$m=0$,显然无回路.

假设节点数 $p=k-1$ 时无回路,下面考虑 $p=k$ 的情况.因 G 连通,故 G 中每一个顶点的度数均大于等于 1.

如果 k 个顶点的度数都大于或等于 2,由握手定理,有:

$$2m=\sum d(v)\geqslant 2k.$$

从而 $m\geqslant k=p$,这与 $m=p-1$ 矛盾;因此至少存在一个顶点 v_0,使得 $d(v_0)=1$.

在 G 中删去 v_0 及其关联的边,得到新图 G',根据归纳假设知 G' 无回路,由于 $d(v_0)=1$,所以再将节点 v_0 及其关联的边加回得到原图 G,则 G 也无回路.

然后证明在 G 中任二节点 u、v 之间增加一条边 (u,v),仅得到一条基本回路.

由于 G 是连通的,从 u 到 v 有一条通路 L,再在 L 中增加一条边 (u,v),就构成一条回路.若此回路不是基本唯一的,则删去此新边,G 中必有回路,得出矛盾.

$(4)\Rightarrow(5)$.

若 G 不连通,则存在两顶点 u 和 v,在 u 和 v 之间无通路,此时增加边 (u,v),不会产生回路,但这与题设矛盾.

由于 G 无回路,所以删除任何一边,图便不连通.

$(5)\Rightarrow(6)$.

由于 G 是连通的,因此 G 中任何 2 节点之间都有通路,于是有 1 条基本通路.若

此基本通路不唯一,则 G 中含有回路,删去回路上的一条边,G 仍连通,这与题设不符. 所以此基本通路是唯一的.

$(6) \Rightarrow (1)$.

显然 G 是连通的,若 G 中含回路,则回路上任二节点之间有两条基本通路,这与题设矛盾,因此 G 不含回路.

定理 7.4-2 具有两个或两个以上顶点的树至少有两片叶子.

证明 设树 G 有 n 个顶点,m 条边,k 片叶子,则其余 $n-k$ 个分支点的度数均大于或等于 2,由握手定理,有:

$$2m = \sum d(v_i) \geqslant k + 2(n-k).$$

由定理 7.4-1 可知 $m=n-1$,代入上式,得到 $k \geqslant 2$,说明至少有两片叶子.

例 7.4-1 已知无向树中 4 度、3 度和 2 度的分支点各 1 个,其余的顶点为叶子,问有几片叶子?

解 设有 x 片叶子,m 条边,由握手定理和定理 7.4-1 有

$$\begin{cases} 2m = 4+3+2+x, \\ m = 3+x-1. \end{cases}$$

解得 $x=5$,即有 5 片叶子.

定义 7.4-2 设无向图 $G = \langle V, E \rangle$,T 是 G 的生成子图,且 T 是树,则称 T 是 G 的**生成树**. G 在 T 的边称为 T 的**树枝**,G 不在 T 的边称为 T 的**弦**,T 的所有弦的集合的导出子图称为 T 的**余树**.

如图 7.4-2 所示,图(b)是图(a)的生成树,图(c)是图(b)的余树,余树不一定连通,不一定含回路,不一定是树.

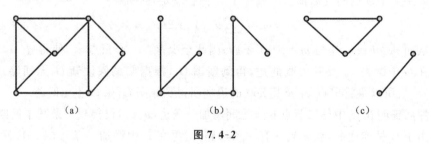

| (a) | (b) | (c) |

图 7.4-2

7.4.2 有向树

定义 7.4-3 满足下列条件的有向图称为**有向树**:

(1) 有且仅有一个顶点的入度为 0,称为**树根**,其余的顶点入度为 1;

(2) 从树根到任何顶点均有一条有向通路.

在有向树中,入度为 1、出度为 0 的顶点称为**树叶**. 入度为 1、出度大于 0 的顶点

称为**内点**,内点和树根统称为**分支点**. 图 7.4-3（a）所示的是一颗有向树,v_0 为树根,v_1、v_3、v_5、v_6 均为树叶.有向树常把树根画在最上方,有向边的箭头向下方,这样可以省去箭头,如图 7.4-3(b)所示.

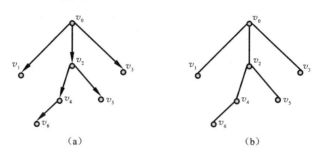

图 7.4-3

在有向树中,从树根到任何一顶点 v 的通路长度称为 v 的**层数**,层数最大的顶点的层数称为**树高**,在图 7.4-3 所示图中,树根 v_0 在第 0 层,v_1、v_2、v_3 在第 1 层,v_6 在第 3 层.

顶点 a 邻接到顶点 b,称 b 为 a 的儿子,a 为 b 的父亲;若 b 和 c 的父亲相同,称 b 和 c 为兄弟.在图 7.4-3 所示图中,v_1、v_2、v_3 是兄弟,他们的父亲是 v_0. v_0 以外所有的顶点都是 v_0 的后代,v_0 是它们的祖先.若有向树的每个分支节点的出度不超过 2,且是有序的,则称为**二叉树**.

7.5 特殊图的应用

特殊图在计算机领域的应用很广泛,例如利用哈密顿图求最短路径问题,利用哈夫曼算法对指令系统优化以及提高通信效率.在计算机体系结构中,指令系统的优化非常重要,因为可以提高整个计算机系统的性能,指令系统的优化方法有很多,其中一种就是对指令的格式进行优化,是指用最短的位数来表示指令的操作码和地址码,使程序中的指令的平均字长最短,可以使用哈夫曼算法对指令的格式进行优化,利用哈夫曼算法可以构造出最优二叉树,而二叉树的权是最小的,即可以实现指令的平均字长最短.同样的原理,利用哈夫曼算法构造最优二叉树可以解决通信中传输二进制数最优效率的问题.

又例如现代的城市建设朝着信息化、智能化的方向发展,利用现代通信技术、信息技术、计算机网络技术、监控技术等,通过对建筑和建筑设备的自动检测与优化控制、信息资源的优化管理,实现对建筑物的智能控制与管理,以满足用户对建筑物的监控、管理和信息共享的需求,从而使智能建筑具有安全、舒适、高效和环保的特点,达到投资合理、适应信息社会需要的目标.如图 7.5-1 所示,某小区的建筑环绕成内外两圈,共 8 栋楼房,分别为 $v_1, v_2, \cdots, v_8$,要求任意两栋楼房之间实现网络互联,图中的权值表示两栋楼房之间的直接通信线路的造价,给出一个使总造价最小的设计方案.

寻求这样的设计方案,在现代信息化建设中有重要的意义,而解决这类实际问题,可以归结为:在连通赋权图 G 中求一棵总权值最小的生成树,该生成树称为**最小生成树**.

最后得到图 7.5-2 所示图,即所求的最小生成树,也就是总造价最小的网络布线方案.

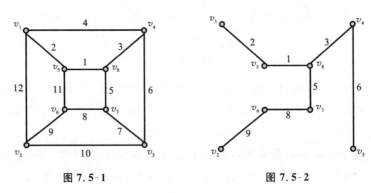

图 7.5-1   图 7.5-2

本 章 总 结

本章介绍了几类特殊的图及其性质,包括的主要知识点如下.

(1) 欧拉图源于哥尼斯堡 7 桥问题,通过图的每一条边一次且仅一次的通路称为欧拉通路.若图中的欧拉通路又是回路,则称它为欧拉回路.具有欧拉回路的图称为欧拉图.哈密顿图起源于周游世界的游戏,通过图的每个顶点一次且仅一次的回路称为哈密顿回路.具有哈密顿回路的图称为哈密顿图.

(2) 不含回路的无向连通图称为无向树,简称树.其顶点包含分支、叶子.有向树有且仅有一个顶点的入度为 0,称为树根,其余的顶点入度为 1,从树根到任何顶点均有一条有向通路.有向树的每个分支节点的出度不超过 2,且是有序的,称为二叉树.

(3) 最后介绍了最小生成树的概念和算法,以及最小生成树在网络布线优化方案中的应用.

本章需要重点掌握的内容如下.

(1) 掌握欧拉通路、欧拉图及其充分必要条件;

(2) 掌握哈密顿通路、哈密顿图、哈密顿图的充分条件与必要条件;

(3) 理解二部图、匹配的概念;

（4）掌握无(有)向树、树叶、内点、生成树等概念,熟悉树的 6 个等价定义.

习　　题

1. 判断图题 1 所示各图是否为欧拉图.

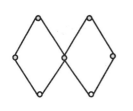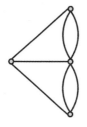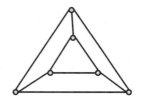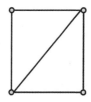

图题 1

2. 判断图题 2 所示各图是否为欧拉图,若是欧拉图,作出图中的一条欧拉回路.

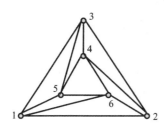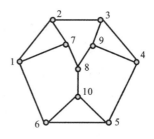

图题 2

3. 设 G 是具有 n 个节点的无向简单图,其边数为

$$m=\frac{1}{2}(n-1)(n-2)+2$$

证明 G 是哈密顿图.

4. 设 G 是 (n,m) 简单二部图,证明

$$m\leqslant\frac{n^2}{4}.$$

5. 在一棵树中有 7 片树叶,3 个 3 度节点,其余都是 4 度节点,则该树有多少个 4 度节点?

6. 图题 6 所示的带权图中,求最优投递路线,并求出投递路线的长度(邮局在 D 点).

7. 设有 a、b、c、d、e、f、g 7 个人,他们分别会讲的语言如下. a:英;b:汉、英;c:英、西班牙、俄;d:日、汉;e:德、西班牙;f:法、日、俄;g:法、德. 能否将这 7 个人的座位安排在圆桌旁,使得每个人均能与他旁边的人交谈?

8. 如图题 8 所示的赋权图表示某 7 个城市 $v_1, v_2, \cdots, v_7$ 及预先测算出它们之间的一些直接通信线路造价,试给出一个设计方案,使得各城市之间不仅能够通信而且总造价最小.

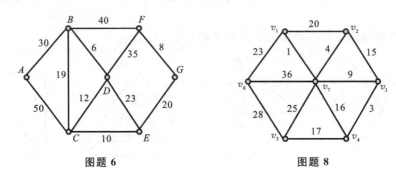

图题 6   图题 8

~~~~~~~~~~~~~~~~~~~~~~~~~~~~~~~~~~~
兴 趣 阅 读
~~~~~~~~~~~~~~~~~~~~~~~~~~~~~~~~~~~

几种特殊图的史话与应用

图论(graph theory)是数学的一个分支.它以图为研究对象.图论中的图是由若干给定的点及连接两点的线所构成的图形,这种图形通常用来描述某些事物之间的某种特定关系,用点代表事物,用连接两点的线表示相应两个事物间具有这种关系.图 $G = \langle V, E \rangle$ 是一个二元组(V, E),集合 V 中的元素称为图 G 的定点(或节点、点),而集合 E 的元素称为边(或线).通常,描绘一个图的方法是把定点画成一个小圆圈,如果相应的顶点之间有一条边,就用一条线连接这两个小圆圈,如何绘制这些小圆圈和连线是无关紧要的,重要的是要正确体现出哪些顶点对之间有边,哪些顶点对之间没有边.

图论本身是应用数学的一部分,因此,历史上图论曾经被好多位数学家各自独立地建立过.关于图论的文字记载最早出现在欧拉 1736 年的论著中,他所考虑的原始问题有很强的实际背景.

图论的起源众所周知,图论起源于一个非常经典的问题——哥尼斯堡 7 桥问题.

1738 年,瑞典数学家欧拉解决了哥尼斯堡问题.由此图论诞生.欧拉也成为图论的创始人.

1859 年,英国数学家哈密顿发明了一种游戏:用一个规则的实心十二面体,在它的 20 个顶点标出世界著名的 20 个城市,要求游戏者找出一条沿着各边通过每个顶点刚好一次的闭回路,即"绕行世界".用图论的语言来说,游戏的目的是在十二面体的图中找出一个生成圈.这个生成圈后来称为哈密顿回路.这个问题后来就叫做哈密顿问题.由于运筹学、计算机科学和编码理论中的很多问题都可以化为哈密顿问题,从而引起广泛的注意和研究.

　　在图论的历史中,还有一个最著名的问题——四色猜想.这个猜想说,在一个平面或球面上的任何地图能够只用四种颜色来着色,使得没有两个相邻的国家有相同的颜色.每个国家必须由一个单连通域构成,而两个国家相邻是指它们有一段公共的边界,而不仅仅只有一个公共点.这一问题最早于 1852 年由弗南西斯·格思里提出,最早的文字记载则出现于德·摩根于同一年写给哈密顿的信上.包括泰特、希伍德、拉姆齐和哈德维格对此问题的研究与推广,引发了对嵌入具有不同曲面的图的着色问题的研究.一百多年后,四色问题仍未解决.1969 年,希什发表了一个用计算机解决此问题的方法.1976 年,阿佩尔和哈肯借助计算机给出了一个证明.四色定理是第一个主要由电脑证明的理论,虽然四色定理证明了任何地图可以只用四个颜色着色,但是这个结论对于现实上的应用却相当有限.现实中的地图常会出现飞地,即两个不连通的区域属于同一个国家的情况(例如美国的阿拉斯加州),而制作地图时我们仍会要求这两个区域涂上同样的颜色,在这种情况下,四个颜色将会是不够用的.20 世纪 80 至 90 年代曾将"四色猜想"命题转换等价为"互邻面最大的多面体是四面体".每个地图可以导出一个图,其中国家都是点,当相应的两个国家相邻时这两个点用一条线来连接.所以虽然四色猜想是图论中的一个问题.但它对图的着色理论、平面图理论、拟阵理论、超图理论、极图理论,以及代数图论、拓扑图论等分支的发展起到推动作用.图论的广泛应用,促进了它自身的发展.

第 8 章 代 数 系 统

代数结构主要研究抽象的代数系统,可以用它表示实际世界中的离散结构.例如在形式语言中常将有穷字符表记为 Σ,由 Σ 上的有限个字符(包括 0 个字符)可以构成一个字符串,称为 Σ 上的字.Σ 上的全体字符串构成集合 Σ^*.设 α、β 是 Σ^* 上的两个字,将 β 连接在 α 后面得到 Σ^* 上的字 $\alpha\beta$.如果将这种连接看作 Σ^* 上的一种运算,那么这种运算不可交换,但是可结合.集合 Σ^* 关于连接运算就构成了一个代数系统.抽象代数在计算机中有着广泛的应用,例如自动机理论、编码理论、形式语义学、代数规范、密码学等都要用到抽象代数的知识.

8.1 代数系统的概念

由集合和集合上的运算所构成的系统称为**代数系统**,又叫做**代数结构**或叫**抽象代数**.它是人们对前人研究的代数的抽象和归结而来的,它是用代数的方法构造的数学模型.代数的概念和方法是研究计算机科学的重要工具.

8.1.1 代数运算

我们已经学了很多的运算,那么什么是运算呢? 下面用函数给出运算的定义.

定义 8.1-1 设 S 是一个非空集合,函数 $f:S^n \to S$,则称 f 为 A 上的一个 n 元运算,其中,n 为自然数.当 $n=2$ 时,称 f 为 A 上的一个**二元运算**,当 $n=1$ 时,称 f 为 A 上的一个**一元运算**.

我们研究的运算主要是二元运算,有时也涉及一元运算.通常用。、$*$、$\otimes$、$\oplus$ 等符号表示二元运算,也叫**运算符**.设 $*:S \times S \to S$ 是 S 上的二元运算,对于任意的 $x,y \in S$,$*(<x,y>)=z$,可以简记为 $x * y=z$.

集合 S 中的元素经某一运算后它的结果仍在 S 中,则称此运算在集合 S 上是封闭的.n 元运算是一个封闭的运算,它要求对 S 中的任何元素运算后所得的结果必须是集合 S 中的元素.

例如 $f:N \times N \to N$,$f(<a,b>)=a+b$ 就是自然数集合 N 上的二元运算,即普通的加法运算.但普通的减法运算就不是集合 N 上的二元运算,因为,两个自然数相减可能是负数,而负数不是自然数,即 N 对减法不封闭.要验证一个运算是否为集合 S 上的二元运算主要应考虑以下两点.

(1) S 中任何两个元素都可以进行这种运算,且运算的结果是唯一的.

（2）S 中任何两个元素的运算的结果都属于 S，即 S 对该运算是封闭的.

例如设 A 是一个非空集合，且 $S=\rho(A)$，对于任意的 $a,b\in S$，有 $a\bigcup b,a\bigcap b$，均属于 S，因此集合的并与交运算是 S 的两个二元运算. 下面再给出一些运算的例子.

例 8.1-1 （1）自然数集合 **N** 上的加法和乘法是 **N** 上的二元运算，但减法和除法不是.

（2）非零实数集 $\mathbf{R}^*$ 上的乘法和除法都是 $\mathbf{R}^*$ 上的二元运算，而加法和减法不是.

例 8.1-2 对于通常数的乘法运算是否可以看作下列集合上的二元运算？

（1）$A=\{1,2\}$.

（2）$B=\{x\mid x \text{ 是素数}\}$.

（3）$D=\{2^n\mid n\in\mathbf{N}\}$.

解 （1）乘法运算不是集合 A 上的二元运算，因为 $2\times2=4\notin A$.

（2）乘法运算不是集合 B 上的二元运算. 因为素数乘素数不是素数.

（3）乘法运算是集合 D 上的二元运算，即
$$\forall 2^n,\quad 2^m\in D,\quad 2^n\times2^m=2^{n+m}\in D.$$
对于有限集合上运算可用称为运算表的表格来定义.

例 8.1-3 设集合 $A=\{0,1\}$，A 上二元运算 $*$ 和一元运算 $\sim$ 可用表 8.1-1 所示的（a）、（b）表示.

表 8.1-1

$*$	0	1
0	0	1
1	1	1

$\sim$	0
0	1
1	0

（a） （b）

这里定义的 n 元运算具有一定的广泛性与抽象性，它不仅包括我们常用数的加、减、乘、除等运算，也包括集合的并、交、差、补等运算，还包括较为抽象的运算，如两字符串的运算.

8.1.2 代数系统

一个代数系统就是一个定义了运算的集合. 具体定义如下.

定义 8.1-2 非空集合 S 和 S 上 k 个运算 $f_1,f_2,\cdots,f_k$ 组成的系统称为一个**代数系统**.

注意，一个代数系统需要满足下面三个条件：

（1）有一个非空集合 S；

（2）有若干个建立在集合 S 上的运算；

(3) 这些运算在集合 S 上是封闭的.

集合 S 上的元素一般讲是一些经过抽象的元素，如自然数、实数、字母、字符串等.集合 S 给出了代数系统研究对象的范围.

具备上述三个条件的系统构成了一个代数系统.一个在集合 S 上具有运算"$*$"的代数系统记作：$<S,*>$.

在集合 S 上的运算可以有若干个，如可以在实数域上建立两个二元运算："$+$"、"$\times$".运算可以是一元的，二元的，也可以是多元的，而以一元、二元运算居多.

例 8.1-4　一个在正整数集 $\mathbf{Z}^+$ 上带有加法运算的系统构成了一个代数系统 $<\mathbf{Z}^+,+>$，这个加法运算对集合 $\mathbf{Z}^+$ 是封闭的，因此它构成了一个代数系统 $<\mathbf{Z}^+,+>$.

例 8.1-5　在实数集 $\mathbf{R}$ 上带有两个二元运算"$+$"与"$\times$"的系统构成一个代数系统.因为 $\mathbf{R}$ 是一个集合，在 $\mathbf{R}$ 上的两个运算均是封闭的，故构成了一个代数系统 $<\mathbf{R},+,\times>$.

8.2　代数运算的性质

8.2.1　基本性质

下面来讨论一般代数系统中的二元运算所具有的性质.

1. 交换律

设 $*$ 是 S 上的二元运算，如果对于 S 内的任意元素 a、b，均有 $a*b=b*a$，则称运算"$*$"满足交换律.

2. 结合律

设 $\circ$ 是 S 上的二元运算，如果对于 S 内的任意元素 a、b、c，均有

$a\circ(b\circ c)=(a\circ b)\circ c$，则称运算"$\circ$"满足结合律.

注意，一个代数运算如果满足结合律，则进行此运算时不需设置括号. 如

$$a\circ(b\circ c)=(a\circ b)\circ c=a\circ b\circ c.$$

例 8.2-1　设 $\circ$ 是整数集 $\mathbf{Z}$ 上的二元运算，对于 $\forall i,j\in\mathbf{Z}$，有 $i\circ j=i+j-i\cdot j$，$+$ 和 $\cdot$ 是通常的加法和乘法，问运算 $\circ$ 是否是可交换的和可结合的.

解　因为 $i\circ j=i+j-i\cdot j=j+i-j\cdot i=j\circ i$，

因此运算 $\circ$ 是可交换的.因为

$$(i\circ j)\circ k=(i+j-j\cdot i)\circ k$$
$$=(i+j-j\cdot i)+k-(i+j-j\cdot i)\cdot k$$
$$=i+j+k-i\cdot j-i\cdot k-j\cdot k-i\cdot j\cdot k.$$

$$i\circ(j\circ k)=i\cdot(j+k-j\cdot k)$$

$$=i+(j+k-j\cdot k)-i\cdot(j+k-j\cdot k)$$
$$=i+j+k-i\cdot j-i\cdot k-j\cdot k-i\cdot j\cdot k.$$

即 $(i\circ j)\circ k=i\circ(j\circ k)$，因此运算 $\circ$ 是可结合的.

例 8.2-2　设 $\triangle$ 是 S 上的二元运算，且对于任意 a、$b\in S$ 有 $a\,\triangle\,b=b$.
试证明运算"$\triangle$"满足结合律.

证明　因为对于任意 a、b、$c\in S$，

$$(a\triangle b)\triangle c=b\triangle c=c,\quad \text{且}\quad a\triangle(b\triangle c)=a\triangle c=c,$$

故
$$(a\triangle b)\triangle c=a\triangle(b\triangle c).$$

3. 分配律

设 $\circ$，$*$ 是 S 上的两个二元运算，如果对于 S 内的任意三个元素 a、b、c，均有

$$a\circ(b*c)=(a\circ b)*(a\circ c).$$

则称运算"$\circ$"对运算"$*$"满足左分配律. 如果有：

$$(b*c)\circ a=(b\circ a)*(c\circ a),$$

则称运算"$\circ$"对运算"$*$"满足右分配律.

例 8.2-3　M 是所有 n 阶方阵构成的集合，$*$ 是定义在 A 上的矩阵的乘法，$+$ 是定义在 A 上的矩阵的加法，则 $*$ 对于 $+$ 是可分配的，但是 $+$ 对于 $*$ 是不可分配的.

4. 等幂律与幂等元

设 $\circ$ 是 S 上的二元运算，若存在 $a\in S$，有 $a\circ a=a$，称 a 是关于运算"$\circ$"的幂等元. 若对于任意的 $a\in S$ 都有 $a\circ a=a$，则称运算"$\circ$"满足等幂律.

定理 8.2-1　设 $\circ$ 是 S 上的二元运算，若 a 是 S 中关于运算"$\circ$"的幂等元，则对于任意正整数 n，有 $a^n=a$.

例 8.2-4　（1）设 **R** 是实数集合，$\times$ 是 **R** 上的乘法运算，**R** 中 0 和 1 都是关于运算"$\times$"的幂等元.

（2）代数系统 $<P(S),\cup,\cap>$ 中，$P(S)$ 是集合 S 的幂集，$\cup$、$\cap$ 分别是集合的并和交运算. $\cup$、$\cap$ 都具有等幂律.

8.2.2　特殊元素

1. 单位元（或叫幺元）

设 $\circ$ 是 S 上的二元运算，如果存在元素 $e_l,e_r,e\in S$，使得对于任一 $x\in S$，有：

$$e_l\circ x=x,$$

则称元素 e_l 为关于运算"$\circ$"的左单位元；若对于任一 $x\in S$，有：

$$x\circ e_r=x,$$

则称元素 e_r 为关于运算"$\circ$"的右单位元. 若对于任一 $x\in S$，有：

$$e \circ x = x \circ e = x$$

即 e 既是运算"$\circ$"的左单位元,又是运算"$\circ$"的右单位元,则称 e 为关于运算"$\circ$"的单位元,可证明,单位元若存在,是唯一的.

例 8.2-5 在整数 **Z** 集合上,乘法运算"$\times$"的单位元为 1,加法运算"$+$"的单位元为 0.

注意:单位元素的符号我们用"e"来表示,有时也用"1"来表示,但"1"不一定具有自然数 1 的含义,它只是单位元素的符号.

2. 零元

设$\circ$是 S 上的二元运算,如果存在元素 $\theta_l, \theta_r, \theta \in S$,使得对于任意一个 $x \in S$,均有:

$$\theta_l \circ x = \theta_l,$$

则称元素 θ_l 为关于运算"$\circ$"的左零元;若对于任意一个 $x \in S$,均有:

$$x \circ \theta_r = \theta_r,$$

则称元素 θ_r 为关于运算"$\circ$"的右零元.若对于任一个 $x \in S$,均有:

$$\theta \circ x = x \circ \theta = \theta,$$

则称 θ 为关于运算"$\circ$"的零元,也可证明,零元若存在也是唯一的.

例 8.2-6 "$\times$"是整数集上的乘法运算,关于$\times$的零元是"0". 因为对于任何整数 x,均有:

$$x \times 0 = 0 \times x = 0.$$

注意:零元的符号用"θ",有时候也用"0"表示,但"0"不一定具有自然数 0 的含义,它只是零元的记号.

3. 逆元

设$\circ$是 S 上的二元运算,关于运算$\circ$存在单位元 e,如果对于 S 内的元素 a,存在 $a_l^{-1} \in S$,使得

$$a_l^{-1} \circ a = e,$$

则 a_l^{-1} 叫 a 关于运算"$\circ$"的左逆元.

如果对于 S 内的元素 a,存在 $a_r^{-1} \in S$,使得

$$a \circ a_r^{-1} = e,$$

则 a_r^{-1} 叫 a 关于运算"$\circ$"的右逆元.

注意:若 S 中的元素关于 S 上的二元运算$\circ$有左逆元与右逆元,并不总是相等.

例 8.2-7 代数系统 $<Z, +>$ 的单位元素是 0,对于任意一个 $x \in I$,它的逆元素是 $-x$,因为

$$x + (-x) = 0.$$

8.3　半群和群

8.3.1　半群

定义 8.3-1　设 $<S,\circ>$ 是一个代数系统,其中"$\circ$"是可结合的二元运算,即 $a,b,$ $c\in S,(a\circ b)\circ c=a\circ(b\circ c)$,则称 $(S,\circ)$ 为**半群**.

定义 8.3-2　如果 $<S,\circ>$ 是半群,且存在单位元,则称 $<S,\circ>$ 为**独异点**,也称**含幺半群**.

一个半群,如果其二元运算满足交换律,则叫可交换半群;如果一个独异点满足交换律,则称其为可交换独异点.

注意:由独异点的定义可知,独异点一定是半群,反之不真.

例 8.3-1　代数系统 $<\mathbf{Z}^+,+>$、$<\mathbf{N},+>$、$<\mathbf{Z},+>$、$<\mathbf{R},+>$、$<\mathbf{Z}^+,\times>$、$<\mathbf{N},\times>$、$<\mathbf{Z},\times>$、$<\mathbf{R},\times>$ 是半群,但代数系统 $<\mathbf{Z},->$ 和 $<\mathbf{R}^+,\div>$ 不是半群.

例 8.3-2　例 8.3-1 中的半群 $<\mathbf{Z}^+,+>$ 不是独异点,$<\mathbf{N},+>$、$<\mathbf{Z},+>$、$<\mathbf{R},+>$ 都是独异点,单位元是 0. $<\mathbf{Z}^+,\times>$、$<\mathbf{N},\times>$、$<\mathbf{Z},\times>$、$<\mathbf{R},\times>$ 也都是独异点,单位元是 1.

例 8.3-3　(1) 设 $S=\{R\mid R$ 是集合 A 上的二元关系$\}$,"$\circ$"是关系的复合运算,则代数系统 $<S,\circ>$ 是半群.

(2) 设 $F=\{f\mid f:A\rightarrow A\}$,"$\circ$"是函数的复合运算,则代数系统 $<F,\circ>$ 是半群.

以上半群 $<S,\circ>$、$<F,\circ>$ 是独异点,单位元分别是恒等关系和恒等函数.

例 8.3-4　设 A 为任一集合,则代数系统 $(\rho(A),\bigcup,\varnothing)$ 与 $(\rho(A),\bigcap,A)$ 都是可交换的含幺半群.

8.3.2　群

群论是代数系统中的一个重要组成部分,在数学、物理、化学、通信和计算机科学等很多领域都有很广泛的应用,特别是在计算机科学的自动机理论、编码理论,及计算机网络的纠错码理论中都有重要的应用,而且其应用已日趋完善.

定义 8.3-3　一个代数系统 $(G,\circ)$,如果满足下列条件:

(1) 运算 $\circ$ 满足结合律,即对于任意的 $a,b,c\in G$,有:
$$a\circ(b\circ c)=(a\circ b)\circ c$$

(2) 关于运算 $\circ$ 存在单位元,即存在一个元素 $1\in S$,对于任一 $a\in G$,有 $1\circ a=a\circ 1$ $=a$;

(3) 存在逆元素,即对于任一 $a\in G$,有 $a^{-1}\in G$,使得

$$a \circ a^{-1} = a^{-1} \circ a = 1$$

则称此代数系统为**群**.若 G 是有限集,则称 $(G, \circ)$ 是有限群.如果 G 是无限集合,则称 $(G, \circ)$ 是无限群.有限群 G 的基数 $|G|$ 称为群的阶数.

注意:由群的定义可知群是对独异点作进一步限制而成的,由半群到独异点再到群.

定义 8.3-4 一个群 $<G, \circ>$ 如果满足交换律,则叫**可交换群**或阿贝尔群.

例 8.3-5 代数系统 $<\mathbf{N}, +>$,$<\mathbf{Z}, \times>$,$<\mathbf{R}, \times>$ 都不是群,而 $<\mathbf{Z}, +>$,$<\mathbf{R}, +>$ 和 $<\mathbf{R} - \{0\}, \times>$ 都是群,且都是可交换群.

例 8.3-6 设 $N_4 = \{0, 1, 2, 3\}$,模 4 的加法 $+_4$ 定义为:

$$a +_4 b = \text{res}_4(a + b)$$

其运算表如表 8.3-1 所示,则代数系统 $<N_4, +_4>$ 是一个群.

表 8.3-1

$+_4$	0	1	2	3
0	0	1	2	3
1	1	2	3	0
2	2	3	0	1
3	3	2	1	0

对于任意的 $a, b \in N_4$,令

$$a + b = 4m_1 + \text{res}_4(a + b), \quad b + c = 4m_2 + \text{res}_4(b + c),$$

于是

$$(a +_4 b) +_4 c = \text{res}_4(a + b) +_4 c = \text{res}_4(\text{res}_4(a + b) + c)$$
$$= \text{res}_4(4m_1 + \text{res}_4(a + b) + c) = \text{res}_4(a + b + c);$$
$$a +_4 (b +_4 c) = a +_4 \text{res}_4(b + c) = \text{res}_4(a + \text{res}_4(b + c))$$
$$= \text{res}_4(a + 4m_2 + \text{res}_4(b + c)) = \text{res}_4(a + b + c).$$

因此,$(a +_4 b) +_4 c = a +_4 (b +_4 c)$,即 $+_4$ 满足结合律.又 0 是单位元.0 的逆元是 0,1 和 3 互为逆元,2 的逆元是 2.故 $<N_4, +_4>$ 是一个群.

注意,我们可以类似地定义模 $m(m \geq 2)$ 的加法 $+_m$,且可同样证明 $<N_m, +_m>$ 是群.

定义 8.3-5 设 $<G, \circ>$ 是一个群,$a \in G$,如果存在正整数 r,使得 $a^r = 1$,则称元素 a 具有有限的周期;使得 $a^r = 1$ 的最小正整数 r 称为元素 a 的周期.如果对于任意的正整数 r,都有 $a^r \neq 1$,则称 a 有无限的周期.

例 8.3-7 在群 $<R - \{0\}, \times>$ 中,单位元 1 的周期为 1,因为 $(-1)^2 = 1$,所以,-1 的周期是 2,而其他元素的周期均为无限.

例 8.3-8 在例 8.3-6 给出的群 $<N_4, +_4>$ 中,因为

$$0^1 = 0, \quad 2^1 = 2, \quad 2^2 = 2 +_4 2 = \text{res}_4(2 + 2) = 0.$$

$$1^1=1, \quad 1^2=2, \quad 1^3=3, \quad 1^4=1^3+_41=3+_41=0.$$
$$3^1=3, \quad 3^2=3+_43=2, \quad 3^3=3^2+_43=2+_41=1, \quad 3^4=0.$$

所以,0 的周期是 1;2 的周期是 2;1、3 的周期是 4.

对于有限群,可用一张运算表将其运算表示出来.这个表也可叫**群表**.

设有限群$<G,*>$,其中,$G=\{1,2,3\}$,这个群可以用群表定义,如表 8.3-2 所示.

在群表中可以得到群的一些特性.

(1) 单位元的存在使群表中总存在一行(或一列),其元素与首行(列)的元素相同.

(2) 如果一个群是可交换群,其可交换性与群表的对称性是一致的,如表 8.3-2 所示是对称的.

表 8.3-2

*	1	2	3
1	1	2	3
2	2	3	1
3	3	1	2

表 8.3-3

*	1	2
1	1	2
2	2	1

由群表的一些性质,可分别得出元素个数为一个、二个、三个、四个的群的群表.

一个元素的群的群表是由单位元所组成的群.

二个元素的群的群表是唯一的,如表 8.3-3 所示.

三个元素的群的群表是唯一的,如表 8.3-2 所示.

四个元素的群的群表不是唯一的.表 8.3-4 及表 8.3-5 所示的分别给出了四元群的群表.这些群表所对应的群均是可交换的.其中表 8.3-4 表示的群常称为**克莱因四元群**.

元素个数为四个以上的群的群表都不止一个.

表 8.3-4

*	0	1	2	3
0	0	1	2	3
1	1	0	3	2
2	2	3	1	0
3	3	2	0	1

表 8.3-5

*	0	1	2	3
0	0	1	2	3
1	1	2	3	0
2	2	3	0	1
3	3	0	1	2

8.3.3　特殊群

下面给出两个有特殊性质的群:循环群、置换群.

先给出群的元素的方幂的定义.

定义 8.3-6　设$<G,\circ>$是一个群,$a\in G$,则我们令

$$a^0=e \quad (单位元);$$
$$a^{i+1}=a^i\circ a \quad (i\in \mathbf{Z},i\geqslant 0);$$
$$a^{-i}=(a^{-1})^i \quad (i\in \mathbf{Z},i>0).$$

由方幂的定义,可立即得到方幂的性质:

(1) $a^m\circ a^n=a^{m+n}$　$(m,n\in \mathbf{Z})$;

(2) $(a^m)^n=a^{mn}$　$(m,n\in \mathbf{Z})$;

(3) $a^{-n}=(a^{-1})^n=(a^n)^{-1}$　$(n\in \mathbf{Z})$.

1. 循环群

定义 8.3-7　设$<G,\circ>$群,若存在$g\in G$,使得对于任一个元素$a\in G$,都能表示成:

$$a=g^i \quad (i\in \mathbf{Z}),$$

则称群$<G,\circ>$是由g生成的循环群(cyclic group).而g称为群$<G,\circ>$的生成元.

例 8.3-9　整数加群$<\mathbf{Z},+>$是一个无限的循环群.

证明　群$<\mathbf{Z},+>$的单位元为0,且若$a\in \mathbf{Z}$,则它的逆元为$-a$.下面证明1是生成元,由群的元素的幂的定义知,$1^0=0$.

对于任意一个正整数m,有

$$m=\overbrace{1+1+\cdots+1}^{m}=1^m.$$

对于任何负整数$-m$,有

$$-m=(-1)+(-1)+\cdots+(-1).$$

按群的逆元的表示方法,有

$$-m=1^{-1}+1^{-1}+\cdots+1^{-1}=(1^{-1})^m=1^{-m}.$$

因此,1为群$<\mathbf{Z},+>$的生成元.所以$<\mathbf{Z},+>$是由1所生成的循环群.

例 8.3-10　试证明$<N_4,+_4>$是一个循环群.

证明　要证明$<N_4,+_4>$是循环群,只需在$<N_4,+_4>$中找到生成元.

因为,

$$1^0=0, \ 1^1=1, \ 1^2=1^1+_41=1+_41=\mathrm{res}_4(1+1)=2,$$
$$1^3=1^2+_41=2+_41=\mathrm{res}_4(2+1)=3,$$

因此,1是生成元.事实上,任何与4互素的正整数都可以作为生成元,例如3也是生成元.故$<N_4,+_4>$是循环群.一般地,我们可以证明,当$m\geqslant 2$时,$<N_m,+_m>$也是循环群.

2. 置换群

定义 8.3-8　有限集合$S=\{a_1,a_2,\cdots,a_n\}$上的双射函数称为集合S上的置换,整数n称为置换的阶.

一个n阶置换$\boldsymbol{P}:S\rightarrow S$通常表示成如下形式:

$$P = \begin{pmatrix} a_1 & a_2 & \cdots & a_n \\ P(a_1) & P(a_2) & \cdots & P(a_n) \end{pmatrix}.$$

由于 P 是双射,所以 $P(a_1), P(a_2), \cdots, P(a_n)$ 各不相同,然而 $P(a_i)$ $(i=1,2,\cdots,n)$ 都是 S 中的元素,因此 $P(a_1), P(a_2), \cdots, P(a_n)$ 必为 $a_1, a_2, \cdots, a_n$ 的一个排列. 由于 n 个元素的不同,排列共有 $n!$ 个,所以 S 上的不同置换的个数为 $n!$ 个.

例如,设 $S=\{1,2,3\}$, S 上有 $3!$ 个置换,它们是:

$$I = \begin{pmatrix} 1 & 2 & 3 \\ 1 & 2 & 3 \end{pmatrix}, \quad \alpha = \begin{pmatrix} 1 & 2 & 3 \\ 1 & 3 & 2 \end{pmatrix}, \quad \beta = \begin{pmatrix} 1 & 2 & 3 \\ 2 & 1 & 3 \end{pmatrix},$$

$$\gamma = \begin{pmatrix} 1 & 2 & 3 \\ 2 & 3 & 1 \end{pmatrix}, \quad \delta = \begin{pmatrix} 1 & 2 & 3 \\ 3 & 1 & 2 \end{pmatrix}, \quad \varepsilon = \begin{pmatrix} 1 & 2 & 3 \\ 3 & 2 & 1 \end{pmatrix}.$$

其中,I 是一个恒等函数,称为恒等置换(idential permutation).

因为双射函数是可逆的,所以任何置换 P 都有逆置换 P^{-1},若

$$P = \begin{pmatrix} a_1 & a_2 & \cdots & a_n \\ P(a_1) & P(a_2) & \cdots & P(a_n) \end{pmatrix},$$

则

$$P^{-1} = \begin{pmatrix} P(a_1) & P(a_2) & \cdots & P(a_n) \\ a_1 & a_2 & \cdots & a_n \end{pmatrix}.$$

如上例中 $I^{-1}=I$, $\alpha^{-1}=\alpha$, $\beta^{-1}=\beta$, $\gamma^{-1}=\delta$, $\delta^{-1}=\gamma$, $\varepsilon^{-1}=\varepsilon$.

设 $P_1:S\rightarrow S$, $P_2:S\rightarrow S$ 是 S 上的两个置换,因为置换是函数,所以,两个置换的复合 $P_1 \circ P_2:S\rightarrow S$ 也是 S 上的一个置换,这就是说置换在复合运算下是封闭的. 不过在作置换的复合运算时,优先顺序与关系的复合运算顺序相同,即从左到右,而不同于函数复合的优先顺序,例如,

$$\beta \circ \delta = \begin{pmatrix} 1 & 2 & 3 \\ 2 & 1 & 3 \end{pmatrix} \circ \begin{pmatrix} 1 & 2 & 3 \\ 3 & 1 & 2 \end{pmatrix} = \begin{pmatrix} 1 & 2 & 3 \\ 1 & 3 & 2 \end{pmatrix} = \alpha.$$

我们考虑 $S=\{1,2,3\}$ 上的所有 $3!$ 个置换的集合 $S_3 = \{I, \alpha, \beta, \gamma, \delta, \varepsilon\}$ 及在 S_3 上定义的复合运算,则可构成代数系统 $<S_3, \circ>$,其运算表如表 8.3-6 所示.

表 8.3-6

$\circ$	I	α	β	γ	δ	ε
I	I	α	β	γ	δ	ε
α	α	I	γ	β	ε	δ
β	β	δ	I	ε	α	γ
γ	γ	ε	α	δ	I	β
δ	δ	β	ε	I	γ	α
ε	ε	γ	δ	α	β	I

由于置换的复合就是函数的复合,所以置换的复合满足结合律;恒等置换 I 是置换复合运算的单位元;每个置换都有逆元.因此,$<S_3,\circ>$ 是一个群.但由于运算表关于主对角线不对称,因而,$<S_3,\circ>$ 不是可交换群.我们称 $<S_3,\circ>$ 为 3 次对称群.

定义 8.3-9 一个阶为 n 的有限集合 S 上所有的置换所组成的集合 S_n 及其复合运算构成的群 $<S_n,\circ>$ 叫 S 上的 n 次对称群.若 S 上有若干个置换所组成的集合 P 及其复合运算"$\circ$"所构成的群 $<P,\circ>$ 叫做 S 上的置换群.S 上的 n 次对称群当然是 S 上的置换群.

显然,若有限集合 S,它的阶为 n,则 S 上的 n 次对称群 $<S_n,\circ>$ 的阶为 $n!$.

8.4 环 和 域

环和域都是具有两个二元运算的代数系统.环和域的知识应用在研究错误检测、代码校正等方面.

8.4.1 环

定义 8.4-1 设 $<R,+,\circ>$ 是代数系统,如果二元运算 $+$ 和 $\circ$,对于任意 $a,b,c\in R$,都满足:

(1) $<R,+>$ 是可交换群;

(2) $<R,\circ>$ 是半群;

(3) 运算 $\circ$ 对于 $+$,满足分配律,即

$$a\circ(b+c)=a\circ b+a\circ c,$$
$$(b+c)\circ a=b\circ a+c\circ a,$$

则称 $<R,+,\circ>$ 为一个**环**(ring).

在环 $<R,+,\circ>$ 中,如果一个群的二元运算满足交换律,运算符号用 $+$ 表示,并称其为加法,那么我们就把这个群称为加法群,并称另一个运算 $\circ$ 为乘法.因此,环 $<R,+,\circ>$ 中的群 $<R,+>$ 是加法群.

由环的定义可以看出,一个环 $<R,+,\circ>$ 中的乘法运算 $\circ$ 可以满足也可以不满足如下的条件.

(1) 交换律:对于任意的 $a,b\in R$,有 $a\circ b=b\circ a$.

(2) 单位元:存在一个元素 $1\in R$,使得对于任意的 $a\in R$,有:

$$1\circ a=a\circ 1=a.$$

(3) 消去律:设 $a,b,c\in R$,且 $a\neq 0$,

$$若 a\circ b=a\circ c,\quad 则 b=c;$$
$$若 b\circ a=c\circ a,\quad 则 b=c.$$

定义 8.4-2 如果环 $<R,+,\circ>$ 对于运算 $\circ$ 满足交换律,则称 $<R,+,\circ>$ 是**交**

换环.

例 8.4-1　代数系统 $<I,+,\times>$、$<Q,+,\times>$、$<R,+,\times>$ 都是环,其中 $+$ 和 $\times$ 都是通常的加法和乘法.它们都是具有单位元 1 且满足消去律的交换环.

例 8.4-2　$n(n\geqslant 2)$ 阶实矩阵的集合 $\mathbf{M}_n(\mathbf{R})$ 关于矩阵的加法和乘法构成环,称 $<\mathbf{M}_n(\mathbf{R}),+,\cdot>$ 实矩阵环.

定义 8.4-3　若在环 $<R,+,\circ>$ 里,$a\neq 0$,$b\neq 0$,但有 $a\circ b=0$,则我们称 a 是这个环的一个**左零因子**(left zero divisor).b 是这个环的一个**右零因子**(right zero divisor).

例如,环 $<N_4,\oplus_4,\otimes_4>$ 中,因为,$2\neq 0$,但 $2\oplus_4 2=0$,所以 2 是一个零因子.

如果一个环没有零因子,也就是说,由 $a\circ b=0$ 必然推出 $a=0$ 或者 $b=0$,那么称这个环是**无零因子环**(ring without zero divisor).

定义 8.4-4　设 $<R,+,\circ>$ 是环,若它可交换,有单位元但无零因子,则称环 $<R,+,\circ>$ 是**整环**.

例 8.4-3　试证:整数环 $<I,+,\times>$(其中 I 是全体整数集合,$+$ 和 $\times$ 分别是普通加法和乘法)是一个整环.

证明　(1) 对于乘法 $\times$,交换律成立;

(2) 元素 1 是单位元,因为对于任意 $a\in I$,有 $a\times 1=1\times a=a$;

(3) 没有零因子,对于整数乘法,若 $a\times b=0$,必有 $a=0$ 或 $b=0$.

综合上述可知,$<I,+,\times>$ 是一个整环.

同样可证有理数环 $<\mathbf{Q},+,\times>$、实数环 $<\mathbf{R},+,\times>$ 和环 $<N_5,\oplus_5,\otimes_5>$ 都是整环,但 $<N_4,\oplus_4,\otimes_4>$ 不是整环,这是因为 $2\otimes_4 2=0$.

8.4.2　域

下面介绍另一个特殊的环——域.

定义 8.4-5　如果环 $<F,+,\circ>$ 满足下列条件:

(1) F 中至少有两个元素;

(2) $<F,\circ>$ 中有单位元;

(3) $<F,\circ>$ 是可交换的;

(4) 每一个非零元都有逆元;

则称 $<F,+,\circ>$ 是一个**域**.

例如,$<\mathbf{Q},+,\times>$、$<\mathbf{R},+,\times>$ 都是域,分别称为有理数域和实数域.但 $<\mathbf{Z},+,\times>$ 不是域.

注意如下事项:

(1) 由域的定义可以看出,域 $<F,+,\circ>$ 中,$<F-\{0\},\circ>$ 也构成一个可交换群;

（2）由于域中无零因子，所以域有消去律；

（3）域一定是整环，但其逆不成立.

8.5　格与布尔代数

现在研究另一类特殊的代数系统——格，它的结构以偏序关系为基础. 在格的基础上增加一些条件，格就变成布尔代数. 格的概念在有限自动机的研究方面是重要的，布尔代数可直接用于开关理论和逻辑设计.

8.5.1　格

定义 8.5-1　设 $<L,\leqslant>$ 是偏序集，对于 $a,b\in L$，

（1）如果存在元素 $x\in L$，满足 $x\leqslant a, x\leqslant b$，则称 x 为 a 和 b 的下界.

（2）如果存在元素 $y\in L$，满足 $a\leqslant y, b\leqslant y$，则称 y 为 a 和 b 的上界.

（3）如果元素 x 是 a 和 b 的下界，且对于 a 和 b 的任何下界 x'，都有 $x'\leqslant x$，则称 x 是 a 和 b 的最大下界（下确界）.

（4）如果元素 y 是 a 和 b 的上界，且对于 a 和 b 的任何上界 $y'\in L$，都有 $y\leqslant y'$，则称 y 是 a 和 b 的最小上界（上确界）.

对于任意一个偏序集来说，其中的每一对元素不一定都有最大下界或最小上界，我们讨论其中每一对元素都有最大下界和最小上界的偏序集，并将这种偏序集称作"格".

定义 8.5-2　设 $<L,\leqslant>$ 是一个偏序集，如果对于每一对元素 $a,b\in L$，构成的子集 $\{a,b\}$ 均存在最大下界和最小上界，则称偏序集 $<L,\leqslant>$ 为**格**.

由格的定义可知，格 $<L,\leqslant>$ 中任何一对元素 a 和 b 都有唯一的最大下界 $a\wedge b$（即 $\mathrm{glb}(a,b)$）和唯一的最小上界 $a\vee b$（即 $\mathrm{lub}(a,b)$），即

$$a\wedge b=\mathrm{glb}(a,b),\quad a\vee b=\mathrm{lub}(a,b).$$

式中，$\wedge$ 和 $\vee$ 分别称为交和并.

例 8.5-1　判断图 8.5-1 所示的各哈斯图表示的偏序集是否构成格.

解　由格的定义，要考察一个偏序集是不是格，只要考察它的任何两个元素构成的子集 $\{a,b\}$ 是否都有最大下界和最小上界.

（a）是格.

（b）是格.

（c）不是格，因为 $\{b,c\}$ 没有最小上界.

（d）不是格，因为 $\{a,b\}$ 没有最大下界.

（e）不是格，因为 $\{a,b\}$ 没有最大下界.

例 8.5-2　集合 $S=\{a,b,c\}$，集合 S 的幂集 $L=2^S$ 和定义在其上的包含关系构

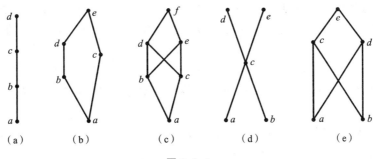

图 8.5-1

成偏序集$<L,\subseteq>$是否构成格.

解　$<L,\subseteq>$的哈斯图如图 8.5-2 所示.偏序集$<L,\subseteq>$是构成格,因为任何两个元素均有最大下界和最小上界.

例 8.5-3　设 n 为正整数,S_n 为 n 的正因数的集合,其中 S_n 分别为 $S_6=\{1,2,3,6\}$,$S_{20}=\{1,2,4,5,10,20\}$,$S_{30}=\{1,2,3,5,6,10,15,30\}$,$\leqslant$ 为整除关系,判断$<S_n,\leqslant>$是否构成格?

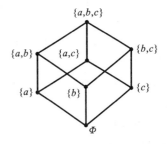

图 8.5-2

解　$<S_6,\leqslant>$、$<S_{20},\leqslant>$、$<S_{30},\leqslant>$的哈斯图分别如图 8.5-3(a)、(b)、(c)所示,根据格的定义,三个图均为格.

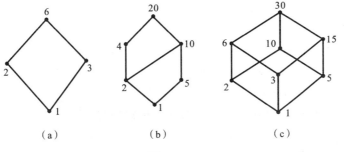

图 8.5-3

由于最大下界也是下界,同理最小上界也是上界.由下界和上界的定义,则对于任何的 $a,b\in L$,都有:
$$a\wedge b\leqslant a,\quad a\wedge b\leqslant b,$$
$$a\vee b\geqslant a,\quad a\vee b\geqslant b.$$

由最大下界和最小上界的定义,在格$<L,\leqslant>$中,对于所有的元素 $a,b,x\in L$,有:

若 $x\leqslant a,x\leqslant b$,则 $x\leqslant a\wedge b$,

若 $x\geqslant a,x\geqslant b$,则 $x\geqslant a\vee b$.

注意,这是格的重要性质,常用这四个关系式来证明各种等式和不等式.观察前面这些格的公式或性质,我们发现它们都是有规律地成对出现.这就是我们要介绍的**对偶原理**.

设 f 是一个含有格中的元素和符号 $=$、$\leqslant$、$\geqslant$、$\wedge$、$\vee$ 的命题,而 f^* 是将 f 中的 $\leqslant$、$\geqslant$、$\wedge$ 和 $\vee$ 分别用 $\geqslant$、$\leqslant$、$\vee$ 和 $\wedge$ 代替后得到的命题,则称 f^* 是 f 的对偶命题.

例如 $(a \wedge b) \vee (a \wedge c) \leqslant a \wedge (b \vee c)$ 与 $(a \vee b) \wedge (a \vee c) \geqslant a \vee (b \wedge c)$ 互为对偶命题.

格的对偶原理:设 f 一个含有格 $<L, \leqslant>$ 的元素和符号 $=$、$\leqslant$、$\geqslant$、$\wedge$、$\vee$ 的任一真命题,其对偶命题 f^* 亦为真.

由格的对偶原理,每一条关于格的定理,都有一对互为对偶的命题.因此,在证明格的性质时,我们只需证明一对互为对偶命题中一个就可以了.

下面我们可以给出格作为特殊代数系统的另一种定义.

定义 8.5-3 设 $<L, \vee, \wedge>$ 是一个代数系统,$\vee$ 和 $\wedge$ 是 L 上的两个二元运算,如果这两个运算满足交换律、结合律、等幂律和吸收律,则称 $<L, \wedge, \vee>$ 是一个**代数格**.

定理 8.5-1 偏序格必是代数格,代数格必是偏序格.

证明略.

注意:既然偏序格 $<L, \leqslant>$ 和代数格 $<L, \vee, \wedge>$ 是等价的,以后就不加区别;

推论 格 $<L, \leqslant>$ 中,对于任意的 $a, b, c \in L$,若 $b \leqslant c$,则有:
$$a \vee b \leqslant a \vee c, \quad a \wedge b \leqslant a \wedge c,$$
称**格的保序性**.

定理 8.5-2 在格 $<L, \leqslant>$ 中,对于任意的 $a, b, c \in L$,有下列分配不等式成立:
(1) $a \vee (b \wedge c) \leqslant (a \vee b) \wedge (a \vee c)$;
(2) $a \wedge (b \vee c) \geqslant (a \wedge b) \vee (a \wedge c)$.

证明 (1) 由 $b \wedge c \leqslant b, b \wedge c \leqslant c$,于是由格的保序性推论,有:
$$a \vee (b \wedge c) \leqslant a \vee b, \quad a \vee (b \wedge c) \leqslant a \vee c,$$
两边同时做有 $\wedge$ 运算,得
$$a \vee (b \wedge c) \leqslant (a \vee b) \wedge (a \vee c).$$
(2) 根据对偶原理,(2)亦成立.

8.5.2 几种特殊格

现在介绍两种具有特殊性质的格,分别是分配格、有补格.

1. 分配格

根据定理 8.5-2,我们知道格满足分配不等式,但对于任意一个格 $<L, \leqslant>$,其运算 $\vee$ 与 $\wedge$ 不一定能满足分配律.

定义 8.5-4　设$<L,\vee,\wedge>$是一个格,若对于任意的 $a,b,c\in L$,有:
$$a\vee(b\wedge c)=(a\vee b)\wedge(a\vee c),$$
$$a\wedge(b\vee c)=(a\wedge b)\vee(a\wedge c),$$
则称$<L,\vee,\wedge>$为**分配格**.

例 8.5-4　集合 A 的幂集 2^A 与其上所定义的并和交运算所组成的格 $<2^A,\cup,\cap>$ 是一个分配格.

例 8.5-5　判断图 8.5-4 所示的是否满足分配格.

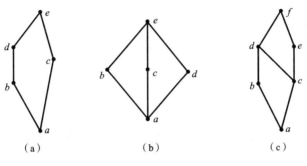

图 8.5-4

解　(1) 图(a)所示的不是分配格,因为 $b\vee(c\wedge d)=b\vee a=b$,而$(b\vee c)\wedge(b\vee d)=e\wedge d=d$.

(2) 图(b)所示的不是分配格,因为 $b\vee(c\wedge d)=b\vee a=b$,而$(b\vee c)\wedge(b\vee d)=e\wedge e=e$.

(3) 图(c)所示的是分配格,满足格的分配率.

图 8.5-4(a)所示的称五角格,图(b)所示的称钻石格.经证明凡是含有五角格或钻石格作为子格构成的格一定不是分配格.

2. 有补格

在介绍有补格前,先介绍有界格.

定义 8.5-5　设$<L,\vee,\wedge>$是格,如果 L 中存在有最小元素和最大元素,分别用 0 和 1 来表示,则称格$<L,\vee,\wedge>$为**有界格**,并称 0、1 为格的**全下界**和**全上界**.

例如图 8.5-4 所示的三个格都是有界格.

如果一个格$<L,\vee,\wedge>$有全下界 0 和全上界 1,则对于任意的 $a\in L$,都有:
$$0\leqslant a\leqslant 1.$$
因此,对于任意的 $a\in L$,都有:
$$a\wedge 1=a,$$
$$a\vee 0=a,$$
$$a\wedge 0=0,$$
$$a\vee 1=1.$$

由上式可知,有界格的全下界 0 是关于并运算 ∨ 的单位元,又是关于交运算 ∧ 的零元. 全上界 1 是关于交运算 ∧ 的单位元,又是关于并运算 ∨ 的零元.

设$<L,\vee,\wedge>$是一个含有元素 1 和 0 的格,对于 $a\in L$,若有元素 $b\in L$,使得

$$a\vee b=1,\quad a\wedge b=0,$$

则称元素 b 是 a 的**补元**.

注意 a 和 b 是互补的. 特别地,0 和 1 互补.

定义 8.5-6 设$<L,\vee,\wedge>$是有界格,如果 L 中每一个元素都有补元,则称$<L,\vee,\wedge>$为**有补格**.

例 8.5-6 格$<2^A,\bigcup,\bigcap>$是一个有补格,其中集合 A 是全上界的,空集 $\varnothing$ 是全下界的,A 的每一子集 S_i 的补元素是 $\overline{S}_i$,即 S_i 的补集.

例 8.5-7 如图 8.5-5 所示,分别判断是否为有补格.

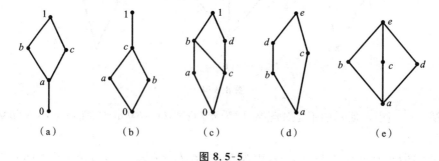

图 8.5-5

解 图(a)所示的不是有补格.

图(b)所示的不是有补格.

图(c)所示的不是有补格.

图(d)所示的是有补格.

图(e)所示的是有补格.

注意,有补格中的每个元素都有补元,但补元并不都是唯一的.

8.5.3 布尔代数

定义 8.5-7 一个有补分配格称为**布尔代数**,如果一个布尔代数中的元素是有限的,则称之为**有限布尔代数**. 通常用$<B,^-,\vee,\wedge,0,1>$表示布尔代数. 其中 $^-$ 为求补运算.

例如,图 8.5-2 所示的就是一个有补分配格,既是有补格又是分配格.

定理 8.5-3 在有补分配格$<L,\vee,\wedge>$中,任一元素 $a\in L$ 的补元素是唯一的. 这时将 a 的补元记作 $\bar{a}$.

证明略.

将布尔代数 $<B,^-,\vee,\wedge>$ 看作满足一些运算律的一个代数系统,得到其第二定义.

定义 8.5-8 设 $<B,^-,\vee,\wedge>$ 是一个代数系统,若该代数系统满足交换律、分配律、同一律和互补律,则称 $<B,^-,\vee,\wedge,0,1>$ 是一个布尔代数.

例 8.5-8 设 A 是一个集合,则 $<2^A,^-,\cup,\cap,\varnothing,A>$ 是一个布尔代数.

证明 因为运算 $\cup$、$\cap$ 满足交换律、分配律和吸收律,所以 $<2^A,\cup,\cap>$ 是格.又因为运算 $\cup$ 和 $\cap$ 互相满足分配律,所以格 $<2^A,\cup,\cap>$ 是分配格,且 2^A 的全上界是 A,全下界是 $\varnothing$.设全集是 A,对于任意的 $S\in A$,则 $A-S$ 是 S 的补元,所以 $<2^A,^-,\cup,\cap,\varnothing,A>$ 是一个有补分配格,即布尔代数.

$A=\{a,b,c\}$ 时的布尔代数 $<2^A,^-,\cup,\cap,\varnothing,A>$ 如图 8.5-6 所示.

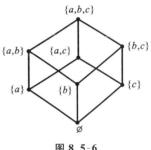

图 8.5-6

8.6 代数系统的应用

代数是关于运算或计算规则的数学研究内容.在计算机科学中,代数方法广泛应用于许多分支学科,如形式语言与自动机、密码学、网络与通信理论、程序理论和形式语义学等,格与布尔代数理论成为电子计算机硬件设计和通信系统设计中的重要工具.

代数系统研究集合、该集合中元素的运算和一些特殊元素,其中群是一种特殊的代数系统,具有可结合、有单位元、每个元素都有逆元等性质.信息安全及其应用方面与代数系统关系密切,离散数学中的代数系统和初等数论为密码学提供了重要的数学基础,例如,恺撒密码的本质就是使用了代数系统中群的知识.恺撒密码系统的原理是将字母表的字母右移 n 个位置,n 即 key,然后对字母表长度 l 作模运算,恺撒密码就是建立在 26 个字母之上,字母与 key 运算的剩余模群.半群理论在自动机和形式语言研究中发挥了重要作用.关系代数理论成为最流行的数据库的理论模型.格论是计算机语言的形式语义的理论基础.抽象代数规范理论和技术广泛应用于计算机软件形式说明和开发,以及硬件体系结构设计.有限域的理论是编码理论的数学基础,在通信中发挥着重要作用.在计算机算法设计与分析中,代数系统研究占有重要地位.

本 章 总 结

本章介绍了代数系统以及几种典型代数系统的基本概念和基本理论,知识点如下:

（1）二元运算、代数系统.

（2）二元运算的性质：封闭性、交换律、结合律、分配律、消去律、等幂律.

（3）代数系统中的特殊元素：幺元、零元、逆元.

（4）半群、独异点、群的概念.

（5）几个特殊的群：循环群、置换群.

（6）环、交换环、无零因子环、整环的概念.

（7）域的概念.

（8）格的概念：基于偏序集的定义和基于代数系统的定义.

（9）几种特殊的格：分配格、有补格、有补分配（布尔）格.

（10）分配格的判断.

（11）布尔代数及其性质.

本章需要重点掌握如下内容：

（1）掌握代数系统的概念与性质的判断；

（2）会求代数系统的特殊元素；

（3）掌握半群、独异点、群的概念与判断；

（4）能够验证环、域；

（5）掌握格的判断；

（6）掌握分配格、有补格、布尔格的判断.

习　　题

1. 设 $\mathbf{N}^+$ 是正整数集，问下面定义的二元运算 $*$ 在集合上是否封闭？

（1）$x * y = x + y$.

（2）$x * y = x - y$.

（3）$x * y = \max(x, y)$.

（4）$x * y = \min(x, y)$.

（5）$x * y = $ 偶数 n 的个数，其中 n 满足 $x \leqslant n \leqslant y$.

2. 设 $<\mathbf{R}^*, \circ>$ 是代数系统，其中 $\mathbf{R}^*$ 是非零实数的集合，分别讨论下面运算是否可交换、可结合，是否有左幺元、右幺元、幺元.

（1）$a, b \in \mathbf{R}^*$，$a \circ b = \dfrac{1}{2}(a + b)$.

（2）$a, b \in \mathbf{R}^*$，$a \circ b = a / b$.

（3）$a, b \in \mathbf{R}^*$，$a \circ b = ab$.

3. 设代数系统 $<A, \circ>$，其中 $A = \{a, b, c\}$，$\circ$ 是 A 上的一个二元运算. 对于由表题 3(a)～(d) 所确定的运算，试分别讨论它们的交换性、幂等性以及在 A 中关于 $\circ$ 是否有幺元. 如果有幺元，那么 A 中的每个元素是否有逆元.

表题 3

°	a	b	c
a	a	b	c
b	b	b	c
c	c	c	b

(a)

°	a	b	c
a	a	b	c
b	a	b	c
c	a	b	c

(b)

°	a	b	c
a	a	b	c
b	b	a	c
c	c	c	c

(c)

°	a	b	c
a	a	b	c
b	b	c	a
c	c	a	b

(d)

4. 对于整数集 **Z**,表题 4 所列的二元运算是否具有左边一列中的那些性质,请在相应的位置上填写"是"或"否".

表题 4

	+	−	·	max	min	$\lvert x-y \rvert$
可结合						
可交换						
存在幺元						
存在零元						

5. 定义在正整数集 $\mathbf{N}^+$ 上的两个二元运算为:$a,b\in \mathbf{N}^+$,$a\circ b=a^b$,$a*b=a\cdot b$,试证明。对 $*$ 是不可分配的.

6. $\mathbf{R}^+$ 是正实数的集合,定义运算。为 $a\circ b=\dfrac{a+b}{1+ab}$,代数系统 $<\mathbf{R}^+,\circ>$ 是半群吗? 是含幺元半群吗?

7. 设 $<\mathbf{R},*>$ 是代数系统,$*$ 是实数集 **R** 上的二元运算,使得对于 **R** 中的任意元素 a,b,都有 $a*b=a+b+ab$.

证明 0 是幺元,且 $<\mathbf{R},*>$ 是含幺半群.

8. 设 $<S,\circ>$ 是半群,$a\in S$ 在 S 上定义一个二元运算 $\triangle$,使得对于 S 中的任意元素 x 和 y,都有 $x\triangle y=x\circ a\circ y$.

证明二元运算 $\triangle$ 是可结合的.

9. 设 $S=\{1,2,3,4,5\}$ 上的置换如下:

$$\boldsymbol{\alpha}=\begin{pmatrix}1 & 2 & 3 & 4 & 5\\ 2 & 3 & 1 & 4 & 5\end{pmatrix},\quad \boldsymbol{\beta}=\begin{pmatrix}1 & 2 & 3 & 4 & 5\\ 2 & 1 & 3 & 5 & 4\end{pmatrix},$$

$$\gamma = \begin{pmatrix} 1 & 2 & 3 & 4 & 5 \\ 5 & 4 & 3 & 2 & 1 \end{pmatrix}, \quad \sigma = \begin{pmatrix} 1 & 2 & 3 & 4 & 5 \\ 3 & 2 & 1 & 5 & 4 \end{pmatrix}.$$

试求 $\boldsymbol{\alpha} \circ \boldsymbol{\beta}$、$\boldsymbol{\beta} \circ \boldsymbol{\alpha}$、$\boldsymbol{\alpha} \circ \boldsymbol{\alpha}$、$\boldsymbol{\gamma} \circ \boldsymbol{\beta}$、$\boldsymbol{\delta}^{-1}$ 和 $\boldsymbol{\alpha} \circ \boldsymbol{\beta} \circ \boldsymbol{\gamma}$.

10. 设 $<A,+,\cdot>$ 是一个代数系统,其中 $+,\cdot$ 为普通的加法和乘法运算,A 为下列集合:

(1) $A = \{x \mid x = 3n, n \in \mathbf{Z}\}$;

(2) $A = \{x \mid x = 2n+1, n \in \mathbf{Z}\}$;

(3) $A = \{x \mid x \geqslant 0, 且\ x \in \mathbf{Z}\}$;

(4) $A = \{x \mid x = a + b\sqrt[4]{3}, a、b \in \mathbf{R}\}$;

(5) $A = \{x \mid x = a + b\sqrt{2}, a、b \in \mathbf{R}\}$.

问 $<A,+,\cdot>$ 是否是环? 若是环,是否是整环? 为什么?

11. 证明 $<\{a,b\}, *, \circ>$ 是一个整环,其中运算 $*$ 和 $\circ$ 由表题 11(a)、(b) 给出.

表题 11

$*$	a	b
a	a	b
b	b	a

(a)

$\circ$	a	b
a	a	a
b	a	b

(b)

12. 设 $<A,+,\cdot>$ 是一个代数系统,其中 $+,\cdot$ 为普通的加法和乘法运算,A 为下列集合:

(1) $A = \{x \mid x \geqslant 0, 且\ x \in \mathbf{Q}\}$;

(2) $A = \{x \mid x = a + b\sqrt{2}, a、b\ 为有理数\}$;

(3) $A = \{x \mid x = a + b\sqrt[3]{3}, a、b\ 为有理数\}$;

(4) $A = \{x \mid x = a + b\sqrt{3}, a、b\ 为有理数\}$;

(5) $A = \{x \mid x = \dfrac{a}{b}, a,b \in \mathbf{N}^{+}, 且对于\ \forall k \in \mathbf{Z}, a \neq kb\}$.

问 $<A,+,\cdot>$ 是否是域? 为什么?

13. 判断图题 13 所示的偏序集中,哪些是格? 为什么?

(a)   (b)   (c)   (d)

图题 13

14. 下列集合 L 构成偏序集 $<L,\leqslant>$,其中 $\leqslant$ 定义为:对于 $m,n\in L,m\leqslant n$,当且仅当 m 是 n 的因子.问哪几个偏序集是格.

(1) $L=\{1,2,3,6,9,18\}$.

(2) $L=\{1,2,3,4,5,6,8,12,15\}$.

(3) $L=\{1,2,3,4,5,6,7,8,9,10\}$.

15. 在一个格中,若 $a\leqslant b\leqslant c$,证明:

$(a\wedge b)\vee(b\wedge c)=(a\vee b)\wedge(a\vee c)$

16. 在一个格中证明:

(1) $(a\wedge b)\vee(c\wedge d)\leqslant(a\vee c)\wedge(b\vee d)$.

(2) $(a\wedge b)\vee(b\wedge c)\vee(c\wedge a)\leqslant(a\vee b)\wedge(b\vee c)\wedge(c\vee a)$.

17. 设 $<L,\leqslant>$ 是格,其哈斯图如图题 17 所示.

(1) 找出格中每个元素的补元.

(2) 此格是有补格吗?

(3) 此格是分配格吗?

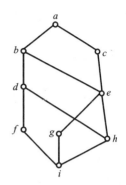

图题 17

兴 趣 阅 读

代数发展简史

数学发展到现在,已经成为科学世界中拥有 100 多个主要分支学科的庞大的"共和国".大体说来,数学中研究数的部分属于代数学的范畴;研究形的部分,属于几何学的范畴;沟通形与数且涉及极限运算的部分,属于分析学的范围.这三大类数学构成了整个数学的本体与核心.在这一核心的周围,由于数学通过数与形这两个概念,与其他科学互相渗透,而出现了许多边缘学科和交叉学科.在此简要介绍代数学的有关历史发展情况.

"代数"(algebra)一词最初来源于公元 9 世纪阿拉伯数学家、天文学家阿尔·花拉子米的一本著作的名称,书名直译为《还原与对消的科学》.

阿尔·花拉子米的传记材料很少流传下来.一般认为他生于花拉子模,位于阿姆河下游,今乌兹别克境内的希瓦城附近,故以花拉子米为姓.另一说他生于巴格达附近的库特鲁伯利.祖先是花拉子模人.花拉子米是拜火教徒的后裔,早年在家乡接受初等教育,后到中亚细亚古城默夫继续深造,并到过阿富汗、印度等地游学,不久成为远近闻名的科学家.东部地区的总督马蒙(786—833)曾在默夫召见过花拉子米.813 年,马蒙成为阿拔斯王朝的哈利发后,聘请花拉子米到首都巴格达工作.830 年,马蒙在巴格达创办了著名的"智慧馆",花拉子米是智慧馆学术工作的主要领导人之一.马蒙去世后,花拉子米在后继的哈利发统治下仍留在巴格达工作,直至去世.花拉子米生活和工作的时期,是阿拉伯帝国的政治局势日渐安定、经济发展、文化生活繁荣昌盛的时期. 花拉子米科学研究的范围十分广泛,包括数学、天文学、历史学和地理学等领域. 他撰写了许多重要的科学著作. 在数学方面,花拉子米编著了两部传世之作:《代数学》和《印度的计算术》. 1859 年,我国数学家李善兰首次把"algebra"译成"代数". 后来清代学者华蘅芳和英国人傅兰雅合译英国瓦里斯的《代数学》,卷首有"代数之法,无论何数,皆可以任何记号代之",亦即代数,就是运用文字符号来代替数字的一种数学方法.

古希腊数学家丢番图用文字缩写来表示未知量,在公元 250 年前后丢番图写了一本数学巨著《算术》. 其中他引入了未知数的概念,创设了未知数的符号,并有建立方程序的思想. 故有"代数学之父"的称号.

代数是巴比伦人、希腊人、阿拉伯人、中国人、印度人和西欧人一棒接一棒而完成的伟大数学成就. 发展至今,它包含算术、初等代数、高等代数、数论、抽象代数五个部分.

抽象代数(abstract algebra)又称近世代数(modern algebra),它产生于 19 世纪. 抽象代数是研究各种抽象的公理化代数系统的数学学科. 由于代数可处理实数与复数以外的物集,例如向量、矩阵超数、变换(transformation)等,这些物集分别是依它们各有的演算定律而定的,而数学家将个别的演算经由抽象手法把共有的内容升华出来,并因此而达到更高层次,这就诞生了抽象代数. 抽象代数,包含有群论、环论、伽罗瓦理论、格论、线性代数等许多分支,并与数学其他分支相结合产生了代数几何、代数数论、代数拓扑、拓扑群等新的数学学科. 抽象代数已经成了当代大部分数学的通用语言.

近世代数的创始人之一是被誉为天才数学家的伽罗瓦(1811—1832),他深入研究了一个方程能用根式求解所必须满足的本质条件,他提出的"伽罗瓦域"、"伽罗瓦群"和"伽罗瓦理论"都是近世代数所研究的最重要的课题. 伽罗瓦群理论被公认为19 世纪最杰出的数学成就之一. 他给方程可解性问题提供了全面而透彻的解答,解决了困扰数学家们长达数百年之久的问题. 伽罗瓦群论还给出了判断几何图形能否用直尺和圆规作图的一般判别法. 最重要的是,群论开辟了全新的研究领域,以结构研究代替计算,把从偏重计算研究的思维方式转变为用结构观念研究的思维方式,并把数学运算归类,使群论迅速发展成为一门崭新的数学分支,对近世代数的形成和发展产生了巨大影响. 同时这种理论对于物理学、化学、计算机的发展,甚至对于 20 世纪结构主义哲学的产生和发展都发生了巨大的影响.

近世代数奠基人之一,被誉为代数女皇,她就是诺特,1882 年 3 月 23 日生于德国埃尔朗根,1900 年入埃尔朗根大学,1907 年在数学家哥尔丹指导下获博士学位. 诺特的工作在代数拓扑学、代数数论、代数几何的发展中有重要影响. 1907—1919 年,她讨论连续群(李群)下不变式问题,给出诺特定理,把对称性、不变性和物理的守恒律联系在一起. 1920—1927 年间她主要研究交换代数与「交换算术」. 1916 年后,她开始由古典代数学向抽象代数学过渡. 1920 年,她已引入「左模」、「右模」的概念. 1921

年写出的《整环的理想理论》是交换代数发展的里程碑.建立了交换诺特环理论,证明了准素分解定理.1926 年发表《代数数域及代数函数域的理想理论的抽象构造》,给戴德金环一个公理刻画,指出素理想因子唯一分解定理的充分必要条件.诺特的这套理论也就是现代数学中的"环"和"理想"的系统理论,一般认为抽象代数形成的时间是 1926 年,从此代数学研究对象从研究代数方程根的计算与分布,进入到研究数字、文字和更一般元素的代数运算规律和各种代数结构,完成了古典代数到抽象代数的本质的转变.1927—1935 年,诺特研究非交换代数与非交换算术.她把表示理论、理想理论及模理论统一在所谓"超复系"即代数的基础上.后又引进交叉积的概念,最后导致代数的主定理的证明,代数数域上的中心可除代数是循环代数.诺特的思想通过她的学生得到广泛的传播.她的主要论文收在《诺特全集》(1982)中.

近世代数又不断发展,1870 年,克罗内克给出了有限阿贝尔群的抽象定义;狄德金开始使用"体"的说法,并研究了代数体;1893 年,韦伯定义了抽象的体;1910 年,狄德金和克罗内克创立了环论;1910 年,施坦尼茨总结了包括群、代数、域等在内的代数体系的研究;1930 年,基尔霍夫建立格论,它源于 1847 年的布尔代数;第二次世界大战后,出现了各种代数系统的理论和布尔巴基学派;1955 年,加当著了《同调代数》.

总之现在可以笼统地把代数学解释为关于字母计算的学说,但字母的含义是在不断地拓广的.在初等代数中,字母表示数;而在抽象近世代数中,字母则表示向量(或 n 元有序数组)、矩阵、张量、旋量、超复数等各种形式的量.可以说,代数已经发展成为一门关于形式运算的一般学说了.一个带有形式运算的集合称为代数系统,因此,代数是研究一般代数系统的一门科学.

参 考 文 献

[1] 耿素云,屈婉玲,张立昂.离散数学[M].5 版.北京:清华大学出版社,2013.

[2] 傅彦.离散数学实验与习题解析[M].北京:高等教育出版社,2007.

[3] 张辉,张瑜,孙宪坤.离散数学[M].北京:中国铁道出版社,2011.

[4] 方世昌.离散数学[M].3 版.西安:西安电子科技大学出版社,2009.

[5] 徐洁磐.离散数学导论[M].4 版.北京:高等教育出版社,2012.

[6] 左孝凌,李为槛,刘永才.离散数学[M].上海:上学科学技术文献出版社,2010.

[7] 洪帆.离散数学基础[M].3 版.武汉:华中科技大学出版社,2009.

[8] 邱学绍.离散数学[M].2 版.北京:机械工业出版社,2011.

[9] 徐俊明.图论及其应用[M].合肥:中国科学技术大学出版社,2005.

[10] 王朝瑞.图论[M].北京:北京理工大学出版社,2011.

[11] 谢美萍.离散数学[M].北京:清华大学出版社,2014.

[12] richard johnsonbaugh.离散数学[M].黄林鹏,陈俊清,王德俊,王欣,等,译.7 版.北京:电子工业出版社,2015.

[13] kenneth h. rosen.离散数学及其应用[M].徐六通,杨娟,吴斌,译.7 版.北京:机械工业出版社,2015.